—— 第5版 ——
物理学基礎実験

岡山理科大学教育推進機構基盤教育センター　編著

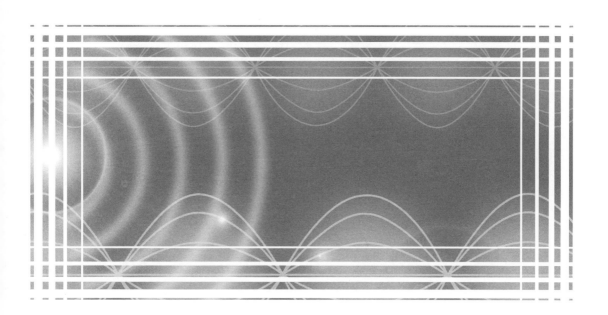

大学教育出版

目次

はじめに

　自然科学は「事実」に基づいて築かれた知識の体系である。自然現象としての事実を率直かつ忠実に把握するためには、できるだけ精巧な器具を用いて実測し，観察する「実験」が重要である。

　また、このようにして築かれた物理学の体系の上に、多くの科学技術が開発されてきた。こうした技術を習得するのに、その基本となる「事実」を体験することはきわめて重要である。

　同時に多数の学生を対象とする講義を受ける場合には物足りなさを感じたり、受身になったりしがちであるが、実験は自分自身で行うもので、自分の熱意や実力に応じて創意工夫の場が提供されている。また、実験は頭で理解するだけでなく、身体を動かして理解を深めるものである。各自が主体的に参加し、「事実」に迫る楽しさを実感してほしい。

　それにはまず、「何のために実験するのか」すなわち、実験の意義および目的を具体的に頭に入れておく必要がある。

（1）自然現象、あるいは物理量の内容を具体的な形でより身近に正しく理解すること。
（2）測定器具の原理、構造を知り、その取り扱いに習熟すること。
（3）測定精度、有効数字の意味について理解すること。
（4）実験データの処理方法及びその信頼度の表現方法を学ぶこと。
（5）自然現象のとらえ方、考え方、その応用のしかたを身に付けること。

　実験しようとするテーマに対して、テキストを読みながら自分自身であらかじめ実験の進め方について計画する。実験に際してデータを取り、実験結果を計算してグラフ等に表示し、可能なら誤差計算も行い、レポートにまとめて提出する。実験を始めてからレポートの提出までをできるだけ能率よく行うためには、実験ノートの活用のしかた、レポートの作成のしかたを工夫するとよい。

2020 年 8 月

岡山理科大学教育推進機構基盤教育センター
物理学基礎実験担当教員

A. 実験上の諸注意

1. 準備するべき物品　毎週必ず持参すること
   （1）実験テキスト
   （2）関数電卓
   （3）実験ノート
   （4）グラフ用紙
   （5）USB メモリー

2. 実験の進め方
   （1）実験題目は所定の計画表に従ってグループ（2人1組）ごとに行う。
   （2）次週行う実験題目を計画表により確認し、実験当日までにテキスト、参考書等によりどのような方法で何を実験するのかよく研究し、測定値を記入する表なども作成しておくこと。
   （3）実験に着手する前に必要な器具類がそろっているかよく点検し、その使用法についても確認しておく。
   （4）測定を行うまでの準備、調整はめんどうであるが、その努力を怠ってはならない。特に電気に関する実験では、電源を入れる前にもう一度配線図をよく確認し、計器等の破損が起こらないよう注意する。
   （5）測定を行うとき、細心の注意をはらって測定しても人間の読み取り精度には限界があり、その上に必ず誤差を伴っているから測定は繰り返し行い平均値を取らねばならない。誤差計算を必要とする実験については、各量について5〜10回は測定する必要がある。
   （6）実験で得られた数値を用いて計算をするときには有効数字に注意し、意味のない数字の羅列をしないようにする。単位は必ず記入する。
   （7）苦労して長時間かけて測定を行っても、その後にデータを整理するときに重大な誤りに気づくことがある。このような失敗を少なくするために、測定値を記入する表と共に、グラフの大略を測定中に書いたり、測定結果の概算を行って、測定ミス、あるいはデータの取り忘れをなくするように注意するべきである。
   （8）実験ノートを1冊用意し、データだけでなく、測定中の条件、微細な異常も見逃さず記入しておくこと。また、実験当日の天候、気温、湿度、気圧も記入しておくとよい。
   > 実験ノートの左ページ：データなどの正式な記録、題目、実験日、天候、気温、湿度、気圧、実験データ、計算式、誤差計算、結果の整理及び検討など
   > 実験ノートの右ページ：雑記、メモ、計算（こちらで計算をしてから左ページに正しいものを書き写すとよい）

3．実験当日の実験室での心得
　（1）実験室内では、喫煙、土足、飲食を禁止する。
　（2）当日使用するよう定められた器具以外には手をふれてはいけない。
　（3）装置、用具を点検して不足品、破損品があれば直ちに指導者に申し出ること。
　（4）実験中、器具が破損あるいは故障したら直ちに指導者に申し出て、修理あるいは交換、廃棄について指示を受けること。
　（5）実験終了後は、装置、用具を使用前の状態に戻し、指定された返納物品は確実に所定の場所に返納する。
　（6）使用した実験机やその周囲を整理清掃する。後始末も実験のうちと心得てほしい。
　（7）借用物品について：　各テーブルのカードケースの中身をよく読み、借用物品のある場合には、準備室から借用証を受け取る（グループごとに1枚）。記入後、借用証と引き換えに準備室から借り出し、実験に使用する。使用後、返却したときには、借用証に検印を受けること。

4．報告書（レポート）について
　（1）報告書は各自1部作成する。
　（2）報告書の提出は、各実験題目について2回目の実験日とする。
　（3）報告書の提出の際、報告書の表紙及び実験ノートに検印を受ける。ノートに次のような表（5テーマ分）を作成しておく。

実験日	実験題目	受領印
6月9日	単振り子による重力加速度の測定	3cm×3cm 以上の大きさが必要
6月23日	回折格子	

　（4）単位が認定されるには、5テーマの実験すべてについて報告書が受理される必要がある。
　（5）報告書の用紙はA4判、大学専用の様式とする。

（6）報告書は横書きとし、表紙はボールペンで、本文は鉛筆で書く。

（7）報告書は左横綴じとする。

（8）報告書の表紙は次の形式に従って作成する。

第　回	班番号
実験題目	
報告者　　　学生番号　　　　　氏名	
共同実験者　学生番号　　　　　氏名	
実験日　　：　　年　　月　　日	
提出予定日：　　年　　月　　日	

（9）報告書の内容

　①実験の目的

　②理論：実験の基礎となる理論、計算式、式の導き方、説明図など

　③方法：実験の方法、手順を具体的に記す。

　　　———————————————　ここまでは予習時に完成させておく

　④使用機器

　⑤測定データ：結果を導き出すのに用いた、実験データをすべて記す。

　⑥結果：実験の目的を達成した（はずの）結果を、計算式と共に記す。必要ならば、表、グラフを作成する。グラフには名称、座標軸の物理量、単位を必ず記す。また必要なら誤差計算を記す。

　⑦考察：理論、方法、使用機器、測定値、結果、誤差について、報告者の考え、議論、また、調べた事柄、疑問点、実験中のできごと、考察、改良事項等をまとまりのある文章で書く。他の文献からの文章の盗用、他のグループと同じ表現の文章は不可であるから特に注意すること。

　⑧文献：参照した文献について、その著者名、文献名、発行社名、掲載ページ、発行年をこの順序で書く。

5．欠席について

（1）実際に実験を行うことが履修の目的であるので、欠席しないこと。

（2）病気などやむを得ない事情のために実験ができない場合には、その理由を証明する書類を添えて、指導者に申し出ること。

（3）いかなる事情の場合においても、可能な限りにおいて実験を行うこととする。

4

B. 実験データの取り扱いについて

１．有効数字

実験によって何桁かの数値を得た場合、最初に誤差が現れる桁を検討する。そして、その桁より下位を四捨五入して得た数字を有効数字という。例えば、測定値の有効数字として

$$2.346$$

を得たならば、これは、4 桁の有効数字であり、測定値が、 2.345500···· から 2.3464999···· の間にあることを意味する。

［問題］ 測定値の有効数字として、 2.55 を得た。これは何桁の有効数字か。また、測定値はどの範囲にあることを意味するか。また、有効数字が 2.550 の場合はどうか。

この問題からわかるように、測定値としては、2.55 と 2.550 は意味するところが異なってくる。

２．測定値の加減

加減算のときには、その結果を、演算をする数値のうち、有効数字の末位が最も大きい数値の有効数字の位にそろえる。例えば、 a = 12.3 [cm], b = 12.456 [cm] のとき、

$$a + b = 12.3 + 12.456 = 24.756 \ \rightarrow \ 24.8 \,[cm]$$
$$a - b = 12.3 - 12.456 = -0.156 \ \rightarrow -0.2 \,[cm]$$

のようにする。加算の場合、結果の有効数字は 3 桁であるが、減算の場合は 1 桁になる。

３．測定値の乗除

乗除算のときは、その結果を、演算をする数値のうち、有効数字の桁数の最も少ない数値の有効数字の桁数にそろえる。例えば、上記の a, b について、

$$a\,b = 12.3 \ \times \ 12.456 = 153.2088 \ \rightarrow \ 153 \,[cm^2]$$
$$a/b = 12.3 / 12.456 = 0.9874759\cdots\cdots \ \rightarrow \ 0.987$$

のようにする。

４．測定値に含まれる誤差の計算

ある物理量を n 回測定して、$x_1, x_2, x_3, \cdots\cdots, x_n$ が得られたとする。この測定値の平均値 x は、

$$x = \frac{\sum_{k=1}^{n} x_k}{n} \tag{B-1}$$

5

で与えられる。この平均値と各測定値との差を、

$$v_1 = x - x_1, \quad v_2 = x - x_2, \quad \cdots\cdots \quad v_n = x - x_n,$$

とすると、平均値の平均2乗偏差（単に「平均値の誤差」ということが多い）は、

$$\sigma = \sqrt{\frac{\sum_{k=1}^{n} v_k^2}{n(n-1)}} \qquad\qquad (B-2)$$

と表される。今、求めようとしている物理量の真の値が、x-σ から x+σ の範囲に存在する確率は 68.3%、x-2σ から x+2σ の範囲に存在する確率は 95.5% である。ここで、

$$\begin{aligned}
\sum_{k=1}^{n} v_k^2 &= \sum_{k=1}^{n} (x - x_k)^2 \\
&= \sum_{k=1}^{n} (x^2 - 2x\,x_k + x_k^2) \\
&= nx^2 - 2x\sum_{k=1}^{n} x_k + \sum_{k=1}^{n} x_k^2 \\
&= nx^2 - 2x\,nx + \sum_{k=1}^{n} x_k^2 \\
&= \sum_{k=1}^{n} x_k^2 - nx^2
\end{aligned}$$

に注意すれば、

$$\sigma = \sqrt{\frac{\sum_{k=1}^{n} x_k^2 - nx^2}{n(n-1)}} \qquad\qquad (B-3)$$

となる。
　さらに、相対誤差は

$$\frac{\sigma}{x} \qquad\qquad (B-4)$$

で定義される。

［問題1］
　ある長さを測定して、1.20cm, 1.13cm, 1.28cm, 1.22cm の4つの値を得た。この長さの測定値の平均値と平均値の平均二乗偏差を求めなさい。また、相対誤差を求めなさい。

6

5．間接測定における誤差

ある物理量 c が、a 及び b の和として表される場合を考えよう。

$$c = a + b$$

ここで、測定値 a, b が、それぞれ σ_a, σ_b の誤差を持つとき、c の誤差は、

$$\sigma_c = \sqrt{\sigma_a^2 + \sigma_b^2}$$

と表される。

一般には、

$$y = f(x_1, x_2, x_3, \cdots, x_n)$$

で表される場合を考えればよい。y の全微分が、

$$dy = \frac{\partial f}{\partial x_1} dx_1 + \frac{\partial f}{\partial x_2} dx_2 + \cdots + \frac{\partial f}{\partial x_n} dx_n$$

で表されることから、

$$\sigma_y = \sqrt{(\frac{\partial y}{\partial x_1})^2 \sigma_{x_1}^2 + (\frac{\partial y}{\partial x_2})^2 \sigma_{x_2}^2 + \cdots + (\frac{\partial y}{\partial x_n})^2 \sigma_{x_n}^2} \quad (B-5)$$

となる。

特に、

（1）z = x+y または z = x-y のとき、

$$\sigma_z = \sqrt{\sigma_x^2 + \sigma_y^2} \quad\quad\quad (B-6)$$

（2）z = xy または z = x/y のとき、

$$\frac{\sigma_z}{z} = \sqrt{(\frac{\sigma_x}{x})^2 + (\frac{\sigma_y}{y})^2} \quad\quad\quad (B-7)$$

（3）$z = ax$　（a は定数）のとき、

$$\sigma_z = a \sigma_x \quad\quad\quad (B-8)$$

この場合、相対誤差は同じであることに注意しなさい。

（4）z = x^n　（n は定数）のとき、

$$\frac{\sigma_z}{z} = n\frac{\sigma_x}{x} \quad\quad\quad (B-9)$$

である。

［問題2］ （1）w = 2x + 3y +5z のとき、 （2）w = $x^2 y^{1/2} z^3$ のときのそれぞれ、上記の表式はどのようになるか。

［問題3］ 長方形があり、その縦の長さ a = 1.53±0.04 cm 横の長さ b = 2.54±0.08 cm である。
（1）長方形の周囲の長さとその誤差を求めなさい。
（2）長方形の面積とその誤差を求めなさい。

6．グラフの描き方

　ある針金の長さと電気抵抗の関係を測定し、次のようにデータを得た。

長さ(m)	0.51	0.73	1.12	1.54	1.88	2.25	2.60
抵抗(Ω)	3.1	4.1	6.9	9.2	10.8	13.2	15.8

これをグラフにして表してみよう。

　次の事項に注意して、グラフを描くこと。

（1）x軸、y軸を実線で書き込むこと。

（2）各軸には目盛りを入れ、数値を書き込むこと。この際に、軸の端に単位を入れる。

（3）軸の下、左側などに題目を入れる（「針金の長さ」「電気抵抗」など）

（4）測定データが軸全体に広がって表現されるようにスケールを工夫する。

（5）原点を含めるかどうかは、グラフが何を表現するかによって判断する。たとえば、データのばらつきを表現したい場合には原点を含める必要はない。

（6）測定データはできるだけ正確にプロットするべきであるが、データ点ははっきり見えるように大きなシンボルで表現すること。

（7）2種類以上のデータセットを1つのグラフに表現するときは、いろいろなシンボル（黒丸、白丸、三角、四角）などを用いてデータセットの区別ができるようにする。

（8）各点を折れ線で結ぶ、滑らかに結ぶ、最小二乗法によって求められた直線を書き込む、などは、何を表現するかによって違ってくる。

　この場合は、データ点は原点を通る直線上に乗るはずである。もっともよくあてはまる直線の式を最小二乗法によって求め、書き込みなさい。

７．最小二乗法による直線の求め方

　前記の課題のように、直線で表現されるべき物理現象の場合、データ点が厳密には直線にのらないのは、実験に伴うランダムな誤差であると考えられるので、最小二乗法によって最適な直線を求めるのがよい。

　最小二乗法は、残差の二乗和が最小になるように直線を決める方法である。前記の課題の場合、実験に用いた針金の長さを x_i (i=1, 2, ‥‥, n) 、抵抗の大きさを y_i (i=1, 2, ‥‥, n) とする。これに

$$y = a x + b$$

という直線をあてはめる。

　残差は

$$v_k = y - y_k = a x_k + b - y_k$$

であるから、残差二乗和は

$$S = \sum_{k=1}^{n} v_k^2 = \sum_{k=1}^{n} (y_k - ax_k - b)^2$$

である。残差二乗和が最小になるためには、a, b の変化に対して S が極小値をとることが必要である。このためには、少なくとも、

$$\frac{\partial S}{\partial a} = 0 \qquad\qquad \frac{\partial S}{\partial b} = 0$$

となっていなくてはならない。これを計算すると、

$$\frac{\partial S}{\partial a} = 2a\sum_{k=1}^{n} x_k^2 - 2\sum_{i=1}^{n} x_k y_k + 2b\sum_{k=1}^{n} x_k = 0$$

$$\frac{\partial S}{\partial b} = 2nb - 2\sum_{k=1}^{n} y_k + 2a\sum_{k=1}^{n} x_k = 0$$

であるので、これを a, b について解いて

$$a = \frac{n\sum_{k=1}^{n} x_k y_k - \sum_{k=1}^{n} x_k \sum_{k=1}^{n} y_k}{n\sum_{k=1}^{n} x_k^2 - (\sum_{k=1}^{n} x_k)^2} \qquad （B-10）$$

$$b = \frac{\sum_{k=1}^{n} y_k \sum_{k=1}^{n} x_k^2 - \sum_{k=1}^{n} x_k \sum_{k=1}^{n} x_k y_k}{n\sum_{k=1}^{n} x_k^2 - (\sum_{k=1}^{n} x_k)^2} \qquad （B-11）$$

を得る。

　これを、次の別解のようにしてもよい。

$$S_x = \sum_{k=1}^{n} (x_k - x)^2 = \sum_{k=1}^{n} x_k^2 - \frac{\left(\sum\limits_{k=1}^{n} x_k\right)^2}{n} \tag{B-12}$$

$$S_y = \sum_{k=1}^{n} (y_k - y)^2 = \sum_{k=1}^{n} y_k^2 - \frac{\left(\sum\limits_{k=1}^{n} y_k\right)^2}{n} \tag{B-13}$$

$$S_{xy} = \sum_{k=1}^{n} (x_k - x)(y_k - y) = \sum_{k=1}^{n} x_k y_k - \frac{\sum\limits_{k=1}^{n} x_k \sum\limits_{k=1}^{n} y_k}{n} \tag{B-14}$$

と定義すると、

$$a = \frac{S_{xy}}{S_x} \qquad\qquad b = \frac{\sum\limits_{k=1}^{n} y_k - a \sum\limits_{k=1}^{n} x_k}{n} \tag{B-15}$$

また、a, b の誤差はそれぞれ

$$\sigma_a = \sqrt{\frac{S_y - a S_{xy}}{(n-2)S_x}} \qquad\qquad \sigma_b = \sigma_a \sqrt{\frac{\sum\limits_{k=1}^{n} x_k^2}{n}} \tag{B-16}$$

となる。

C．表計算を用いた最小二乗法

1．パーソナルコンピュータとは

パーソナルコンピュータは、その名の通り、個人が自由に仕事ができる機能をもつ、比較的低価格のコンピュータである。エレクトロニクスの進歩により、小型で高性能のものが市販されるようになった。

2．パーソナルコンピュータの構成

コンピュータのハードウェアは通常、次のような5つの装置から構成される。

    入力装置：データやプログラムを入力する
    出力装置：処理結果を出力する
    演算装置：命令に従って演算を行う
    制御装置：各部を制御する
    記憶装置：データやプログラムを貯える（メモリ）

制御装置と演算装置とをあわせて、中央処理装置（central processing unit：CPU）という。パーソナルコンピュータは数 mm 四方のシリコンチップにトランジスタ、ダイオードなどを組み込んだマイクロプロセッサ（microprocessing unit： MPU）を CPU として用いている。

3．オペレーティングシステム（基本ソフト）とアプリケーション

コンピュータを利用するには、まず、図に示すように、ハードウェアとの橋渡しをするソフトウェア、オペレーティングシステムが必要である。オペレーティングシステムはファイルの管理、各種ソフトウェアの実行の管理などを行う、基本ソフトウェアである。利用者は、さらにその上で動く各種のアプリケーションプログラム（ワードプロセッサ、グラフィックスなど）を実行することによって、目的に応じた結果を得ることができる。

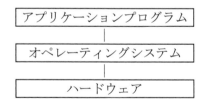

4．Windows とは

マイクロソフト社が開発したオペレーティングシステムである。マッキントッシュを除けば、パーソナルコンピュータでほぼ標準のシステムになっている。Window と呼ばれる窓が開き、同時にいくつものアプリケーションプログラムを使用できる特長がある。いくつかの種類があり、現在使用されているのは Windows 10 である。

5．Windows の使い方
（1）コンピュータの立ち上げ
　　①コンピュータ本体とモニターのスイッチを入れる。
　　②パスワードを入力する。
　　③デスクトップの画面になり、アイコンが表示される。

（2）電源の切り方
　　①左下のスタートボタンにポインタをあわせ、マウスの左ボタンを押す（左
クリックする）。
　　②電源のマークを左クリックし、さらにシャットダウンをクリックする。
　　③本体の電源が自動的に切れる。

（3）ハングアップ（Freeze）したとき
　　電源ボタンを長押しして電源を切る。次回立ち上げるときには一旦セーフモ
ードにした方がよい。

（4）ドライブとは
　　PC にはいくつかの記憶装置が接続されている。それらの記憶装置をドライブ
と呼んで、C, D, E,.... で区別する。多くの場合、次のようにドライブが割り当て
られている。
　　　　　C:　ハードディスクドライブ
　　　　　D:　ハードディスクドライブ　または　CD ドライブ
　　　　　E:　ハードディスクドライブ　または　CD ドライブ
　　タスクバーのフォルダのマークをクリックし、左側のところの「ＰＣ」をク
リックしてみよう。現在使用可能なドライブを見ることができる。Window を閉
じるには、右上の×をクリックするか、左上の「ファイル(F)」「閉じる」の順
にクリックすればよい。

（5）USB メモリの接続、取り外し
　　データを USB メモリに保存したり、USB メモリから取り出したりする場合に
は次のようにする。
　　①　USB メモリを USB 端子に接続する。
　　②　自動的に検知して Window が開く場合が多いが、開かなければ、デスク
トップで「マイコンピュータ」をダブルクリック。
　　③　ドライブを表示させ、USB メモリをクリックする。
　　④　取り外す場合は、タスクバーの取り外しボタンをクリックし、「安全に
取り外すことができます」という表示が出てから取り外す。

（6）ファイルとアイコン、拡張子
　　アプリケーションプログラムやデータはそれぞれ「ファイル」に格納されて
いる。ファイルは Windows 上では、「アイコン」と呼ばれる、いろいろな形を
した記号で表示されている。

ファイルには任意の名称をつけることができる。ファイル名はファイル名本体と拡張子からなる。
（例）　　　　物理学実験.txt
　　　　　　　Excel.exe
　ファイル名本体、拡張子ともに任意に指定できるが、拡張子はそのファイルがどのようなものであるかを示すものとして、おおよそきまっている。コンピュータの設定で、ある拡張子をアプリケーションと関連付けることができる（アプリケーションをインストールすると自動的に設定される）。ファイル名本体の文字数には（常識的な範囲で）制限はない。
　拡張子によって、それぞれ特徴的なアプリケーションのアイコンの形になる。

（７）フォルダ
　ディスク上のデータやプログラムの数が多くなってくると、それらを整理する必要が出てくる。フォルダを作成して、その中にファイルを格納することで、効率よくそれらを見つけることができるようになる。（４）で表示されたドライブ C をダブルクリックしてみよう。ドライブ C に格納されているファイルとフォルダを見ることができる。さらにフォルダをダブルクリックするとその中のファイルとフォルダを見ることができる。

（８）アプリケーションの起動
　あるプログラムを起動して作業を行うにはいくつかの方法がある。
　　①プログラムファイルのアイコン（またはショートカットのアイコン）をダブルクリックする。
　　②スタートボタンからそのプログラムが表示されるまでたどっていく。
　　③データファイルの拡張子がアプリケーションと関連付けられている場合には、データファイルをダブルクリックすれば、アプリケーションが立ち上がり、そのデータが自動的に読み込まれる。

（９）Notepad（メモ帳）を使ってテキストファイルを作ってみる。
　Notepad は Windows に付属のソフトウェアで、テキストファイル（アプリケーションプログラム特有の書式のデータなどを含んでいない純粋に文字データのみのファイル）を作成したり、修正したりすることができる。
　　①左下のスタートを左クリック、W のところの Windows アクセサリをクリックすると、「メモ帳」があるので、クリックする
　　②メモ帳の Window が開くので、テキストを書き込む。

キーボード操作
　　Window の中に点滅する縦線が現れる。これをカーソルという。なければ
Window の中のどこかをクリックすると、Window の上が青くなり、カーソルが
現れる。
(a) 文字を入力してみる。カーソルの場所に英語小文字か数字が入力される。
(b) [Shift]キーを押しながら文字を入力してみる。英語大文字や#$%といった記号
　　が入力される。
(c) [Shift]キーと[Caps Lock]キーを同時に押してから文字を入力すると英語大文
　　字、数字になっている。この状態で[Shift]を押しながら文字を入力すると小
　　文字と記号が入力できる。
(d) 再度 [Shift]キーと[Caps Lock]キーを同時に押すと元に戻る。
(e) 訂正のしかた：　Back Space キーでカーソルの前の文字、Delete キーでカー
　　ソルの後の文字が消去される。
(f) 文字の挿入：　既に入力したテキストのどこかに文字を挿入したいときは
　　マウスのポインタをその場所にもっていって左クリックするとカーソルが
　　その場所で点滅する。これでその場所にテキストを挿入できる。

（テキストの記入例）
I learn physics at Okayama University of Science.

日本語の入力のしかた
(a) 日本語入力モードにするには、[半角／全角]キーを押す。右下の日本語入力
　　モードのバーの左端の表示が「A」から「あ」に変わって日本語の入力モー
　　ドになったことを示している。
(b) キーボードから文字を入力してみるとローマ字ですぐにひらがなに変換さ
　　れることがわかる。一文節を入力してから[Space]キー（中央下の長い何も表
　　示のないキー）を押すと漢字に変換される。何度も押すと別の候補が現れる
　　ので、適当なものになるまでキーを押してリターンキー（[Enter]）を押すか、
　　番号で選択する。
(c) もう一度[Alt]+[半角／全角]とすると元に戻る。
(d) 上記の操作は右下の日本語入力モードのバーの左端の表示をマウスで左ク
　　リックすることによっても行うことができる。

（テキストの記入例）
物理学基礎実験では、パーソナルコンピュータによってデータの処理をします。
［自分の名前］

　　③テキストの記入が終わったら、それをテキストファイルとしてディスクに
　記録する。現時点では記入したテキストはパソコンのメモリ上にあり、電源
　を切ると消えてしまう。
　　　左上の「ファイル」「名前をつけて保存」の順にクリックする。保存する
　場所がネットワーク上のドライブになっているがこれには保存しない。右の

下矢印をクリックするとドライブの選択ができるので、USB メモリのドライブを選ぶ。USB メモリにテキストファイルが入っていなければ何も表示されない。ファイル名を適当に記入して（日本語も可）「保存」をクリックする。

④メモ帳の Window を閉じる。（右上の×をクリックするか、左上「ファイル(F)」「閉じる」の順にクリック）

　作ったテキストファイルが保存されていることを確かめてみよう。タスクバーのフォルダのアイコンをクリック、左側から USB メモリのドライブを選択すると、保存したテキストファイルのアイコンが現れる。そのアイコンをダブルクリックしてみよう。自動的にメモ帳が立ち上がって入力・編集ができる状態になる。

（10）フォルダの作り方
　USB メモリのドライブを開く。ここにフォルダを作ってみよう。左上の「ファイル」をクリックし、「新規作成」にポインタを持っていく。「フォルダ」をクリックすると、A:の中に「新しいフォルダ」ができるので適当な名前（例えば「物理学基礎実験」）を入力する。日本語でも可。

（11）ファイルの移動・コピー・消去
　①ファイルの移動
　　先ほど作ったテキストファイルを左クリックし、ボタンを押さえたまま作ったフォルダの上へもっていき（ドラッグするという）ボタンを離す。ファイルのアイコンが消え、ファイルはフォルダの中へ移動した。そのフォルダをダブルクリックしてファイルが移動していることを確かめよう。
　②ファイルのコピー
　　フォルダの中のファイルを1回だけクリックして青く表示させる。そして、左上の編集、コピーをそれぞれクリックしてから、もとの Window で編集、貼り付けをクリックする。
　③ファイルの削除
　　ファイルを1回だけクリックして青く表示させ、Delete キーを押す。またはファイルをデスクトップのごみ箱へドラッグする。

6．表計算ソフト (Excel)
（1）表計算(Spread Sheet)とは
　表計算ソフトは、大きな集計用紙を表示して自動的に計算を行うソフトウェアである。エクセルを起動してみよう。スタートボタンを左クリックし、「プログラム」のところへポインタをもっていくと、使用可能なアプリケーションが表示される。エクセルを探してクリックする。
　ワークシートにはたくさんの行と列が表示されている。列と行で指定される箱がセルである。セルに数値や計算式を記入する。

（２）四則演算
　ポインタを適当なセルに持っていって左クリックすると、太い枠がそのセルに表示される。この状態をそのセルがアクティブになっているといい、そのセルへの数値や計算式の入力が可能になる。

　　①計算してみよう。　　538+697=?
　　　538+697 [Enter] と入力してみよう。セルにはこの式が入力されるだけで、計算してくれない。これはエクセルが文字が入力されたと判断したためである。計算させるには、
　　　+538+697　または　=538+697
というように、+, = を最初につけてやらなくてはならない。

　　②セル同士の演算　　1527+1355=?
　　　(1) B4 にカーソルをもっていって左クリック
　　　(2) 1527 [Enter]（または右矢印キー）
　　　(3) C4 にカーソルをもっていって左クリック
　　　(4) 1355 [Enter]（または右矢印キー）
　　　(5) D4 にカーソルをもっていって左クリック
　　　(6) +B4+C4 [Enter]
　　　B4 や C4 の数値を変えてみよう。自動的に計算結果が変更される。

　　上記(6)のところを次のようにしてもよい。
　　　+
　　　B4 へポインタをもっていって左クリック
　　　+
　　　C4 へポインタをもっていって左クリック
　　　[Enter]

　　他の四則演算をしてみよう。
　　　引き算は－，かけ算は＊，わり算は／

（３）指数の表示
　指数表示の数値を入力するときは"E"を使用する。
　（例）5.3×10^6 を入力するには、5.3E6 と入力する。

（４）関数
　最初に ＝ または　＠ をつける（どちらでもよい）。
　表計算ソフトは三角関数、対数、統計関数などいろいろな関数を持っている。
　　①平方根
　　　=SQRT(　)　：　( )内には数値かセルの番地を入力する
　　　（例）　　=SQRT(53), @SQRT(D11)
　　②複数のセルの値の合計
　　　=SUM(セル番地：セル番地)　　番地の範囲はマウスでドラッグして指定す

ることもできる。
　（例）　　@SUM(B4:B10)

　③他の関数は、興味のある人はヘルプを参照するか、解説書を参照すること。

（５）日本語の入力
　セルに文字データとして日本語を入力することもできる。操作のしかたはメモ帳で説明した通りである。

（６）セルのコピー
　B4〜B10, C4〜C10 に適当な数値を記入する。
　前記のようにして D4 のセルが B4 と C4 の和になるようにする。
　ここで、上のメニューの編集、コピーをクリック（または[CTRL]+C）。
　D5 にカーソルをもっていって左クリック、さらに左クリックのまま D10 までドラッグ（または、[SHIFT]+下矢印キー）。
　編集、貼り付けをクリック（または[CTRL]+V）。
　D5〜D10 のセルの内容を見て、計算式がコピーされていることを確かめよう。

（７）絶対番地指定
　上記では相対的なセルの位置関係で計算式がコピーされた。もし、D4〜D10に
B4+C4, B4+C5, B4+C6.... の計算結果を表示したい場合には、コピーしたときに番地が動いてしまわない工夫が必要である。このためには次のようにすればよい。
　　　(1) D4 のセルをアクティブにする。
　　　(2) +B4 [F4] と入力すると、セルの表示は +B4 となる。これが絶対番地指定である。
　　　(3) つづけて、+C4
　　　(4) D4 を D5〜D10 にコピーする。

７．データの平均と標準偏差を求めるワークシートの作成

［課題 C-1］　　これまでに学んだことがらをもとに、次のデータの平均値とその平均値の標準偏差（平均誤差）を求めるワークシートを作成しなさい。

　　　5.23, 5.25, 5.32, 5.17, 5.20, 5.22, 5.24, 5.19

８．結果の印刷、ワークシートの保存
　ファイル、印刷、印刷プレビューでどのように印刷されるかをチェックした後、OK をクリックするとワークシートが印刷される。学生番号と氏名が入っているようにすること。終わったら、USB メモリにワークシートを保存しておくことを忘れないこと。

9．最小二乗法

［課題 C-2］　次の (x, y) データの組に最もよく当てはまる直線を最小二乗法によって求めなさい。

1	9.9
2.5	12.5
3	13.0
4	14.2
4.5	15.6
5	15.2
8	20.4

（1）ワークシートの作成

　最小二乗法によって直線を当てはめるには、x の合計、y の合計、x の 2 乗の合計、xy の合計を求める必要がある。ワークシートに上のデータを入力したら、その右の列に x の 2 乗と x×y をそれぞれ計算する。次に下側に、=SUM 関数を用いて、それぞれの合計を計算する。そして、適当なセルに切片と傾きの計算式を入力する。さらに、直線では x に対する y の値がどのようになるかを、右側の列に計算しておくとよい。

（2）グラフにしてみよう
　①　x,y のデータの範囲をドラッグして指定する。
　②　挿入、グラフをクリック
　③　散布図を選択して　次へ　をクリック
　④　データの系列はよいはずなので、そのまま　次へ
　⑤　グラフのタイトル、X 軸、Y 軸の名前が必要なら記入して　次へ
　⑥　表示する場所を指定　このシートでよければ、完了　をクリック
　⑦　グラフの位置はマウスでドラッグして修正する。グラフの大きさはグラフの 4 隅のどこかをドラッグすることで修正できる。
　⑧　当てはめた直線を表示したい場合は、グラフ、データの追加をクリックして範囲を指定。
　⑨　点で表示されるので、データの点の組をマウスでクリックして選んだ後、ダブルクリックし、線を自動、マーカーをなしにすれば、計算値が直線で表示される。

（3）結果の印刷、ワークシートの保存

　ワークシートの左上のセルに課題番号（実験名）、右上のセルに学生番号と氏名を記入すること。ファイル、印刷、印刷プレビューでどのように印刷されるかをチェックした後、OK をクリックするとワークシートが印刷される。終わったら、USB メモリにワークシートを保存しておくことを忘れないこと。

［課題 C-3］

　次のデータの組の数値の、平均値及び平均値の誤差（平均二乗偏差）を求め
なさい。

　　　3.582, 3.591, 3.636, 3.498, 3.543, 3.567, 3.522, 3.611, 3.553

　　　　　答え　平均値　3.567　　誤差　0.014

となることを確認しなさい。

［課題 C-4］

　次の (x, y) データの組に最もよくあてはまる直線を最小二乗法によって求め
なさい。

1.0	6.84
1.5	8.72
2.0	9.69
2.3	11.8
2.8	13.0
3.1	13.2
3.8	16.3
4.6	18.5

　課題 C-2, C-3, C-4 について、結果を印刷して提出すること。

D．ノギスとマイクロメータの使用法

　我々が長さを測るときの精度は、通常の「ものさし」を使用する限り、1mm の 1/10 である。もっと詳しく測定したい場合に使用するのが「ノギス」や「マイクロメータ」である。これらを使用すると、ノギスの場合には 1mm の 1/100，マイクロメータの場合には 1mm の 1/1000 まで測定可能になる。

　これらの器具を使うにあたって遭遇するのが副尺(バーニヤ : Vernier)の問題である。はじめに、副尺の原理について勉強しよう。

１．最も基本的な副尺

　図 D−1a に示した副尺は、本尺の 9 目盛を 10 等分した目盛がついている。この場合、本尺の目盛を「1」とすると、副尺の 1 目盛は 9/10 となる。よって、本尺と副尺の 1 目盛のズレは、1 - 9/10 = 1/10 となる。

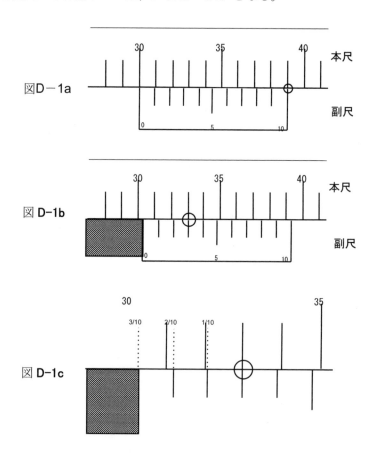

たとえば、図D－1bのように、外側ジョーに被測定物を挟んだとき（ノギス各部の名称は2.で述べる）、本尺と副尺の目盛が、副尺の3の位置で一致していれば、図D－1cの詳細図に示すように、その左隣の本尺の目盛と副尺の目盛は1/10だけズレている。同様にして、その左側の副尺の2の位置の目盛は2/10ズレており、さらに、副尺の目盛が零の位置は3/10ズレていることになる。被測定物の長さは副尺の零目盛のところを読めばよいので、読み取る値は本尺の読み30（副尺の零の位置に最も近い下位の位置）に 3/10 (=0.3) を加えて30.3とする。

（練習）次の図D－1dの読みはいくらか？

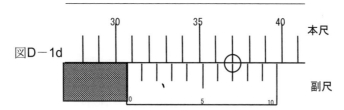

図D－1d

２．ノギスの各部の名称

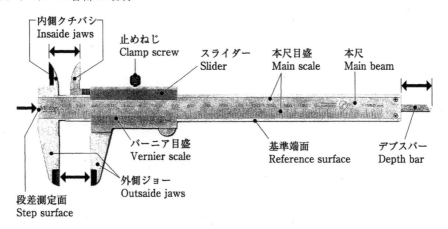

| 内側クチバシ Insaide jaws | 止めねじ Clamp screw | スライダー Slider | 本尺目盛 Main scale | 本尺 Main beam |

バーニア目盛 Vernier scale　基準端面 Reference surface　デプスバー Depth bar

外側ジョー Outsaide jaws

段差測定面 Step surface

３．ノギス使用上の諸注意
　(1) ノギスの褶動面（スライダーと本尺の間）、測定面（Inside Jaw, Outside Jaw）および目盛をきれいに拭いて、機械工作加工で生じる切粉（キリコ）やゴミを取り除いておく。
　(2) ノギスの零点が合致しているかどうか（すなわち、外側ジョーを閉じたとき、本尺と副尺の零目盛が一致していること）を確かめておく。このとき、副尺の目盛10は本尺の目盛9に一致している。
　(3) 本尺とスライダーのジョーの外側測定面同士を軽く合わせ、光を通して

隙間がないことを確認する。測定面の一部が凹んでいたり、傷ついていたりすると正確な測定ができない。

(4) 褶動面、特に基準面にはきれいな油を塗布し、褶動面の傷つきやガタが生じないようにする。

(5) 内径の測定には内側クチバシを、外径の測定には外側ジョーを、深さの測定にはデプスバーを用いる。

4．実習
配られた棒状材料の長さおよび直径を測定しなさい。各10回ずつ行い測定結果を表にする。

(1) この測定値から、直径、長さの平均値および誤差を求めなさい。

(2) 棒の体積を計算し、含まれる誤差を求めなさい。

(3) 与えられている質量から、この材料の密度を計算しなさい。

5．マイクロメータの原理
マイクロメータは、長さの変化をネジの回転角と径によって拡大し、その拡大された長さに目盛をつけ、微小な長さの変化を読み取る測定器である。マイクロメータは、ネジのピッチ（隣接するネジ山間の距離）が 0.5mm（すなわち、一回転で 0.5mm 進む）で、シンブルの円周目盛は 50 等分されている（一回転を 50 等分）。シンブルの 1 目盛の回転によるスピンドルの移動量 M は

$$M = 0.5 \times (1/50) = 1/100 \text{ mm}$$

であるから、最小移動量（最小目盛）は 0.01mm となる。実際の測定では、最小目盛の 1/10 まで読み取るので、1/1000mm まで測定することができる。

1/1000 mm が 1×10^{-6} m = 1μ m であることが micrometer の名称の由来である（μ はマイクロと読む）。

なお、通常のマイクロメータは最大 25mm までで、これ以上の大きさは測れない（サンプルが挟めない）。大きいものを測るための専用マイクロメータも市販されている。

6．マイクロメータ各部の名称

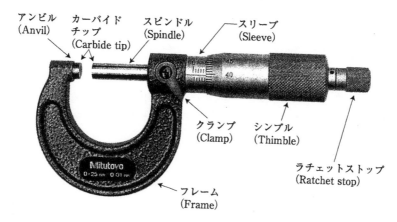

アンビル　カーバイド　スピンドル　スリーブ
(Anvil)　チップ　(Spindle)　(Sleeve)
　　　　(Carbide tip)

クランプ　シンブル
(Clamp)　(Thimble)

ラチェットストップ
(Ratchet stop)

フレーム
(Frame)

7．目盛の読み方

　次図左に示した目盛は、スリーブの読みが 7 mm 、シンブルの読みについては 1/10 まで読み取って 0.372 mm であるから、これらの和をとり、7.372 mm とする。

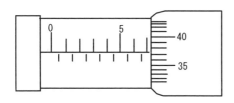

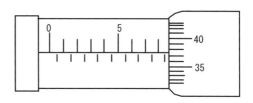

（練習）右図の目盛を読み取りなさい。　　　　　　　　　　答: 8.875 mm

8．使用上の諸注意

　(1) アンビルとスピンドルの両測定面（被測定物を挟む面）を、きれいなガーゼまたは紙で汚れを拭き取る。

　(2) 被測定物を挟むとき、無理矢理にシンブルを回転させると、被測定物が圧縮されて正確な長さ（厚さ）が測定できない。一定の力で挟むようにするために、シンブル内に、ラチェットストップと呼ばれる定圧装置が内蔵されている。測定するときは、ラチェットストップを回して挟むようにする（カチ、カチという音がして空回りすればよい）。

　(3) マイクロメータの零点が厳密に合致しているかどうか（すなわち、何も挟まないとき、スリーブの零目盛とシンブルの零目盛が一致していること）を確認しておく。もし、ズレがあるときは、このズレ量を読み取っておいて測定値を補正する。

23

(4) 目盛を読み取るときは、スリーブの半径方向、すなわち目盛に垂直な方向から読む（斜方向から読むと視差が生じて、正確な値が得られない）。

実習　：髪の毛の直径を測定しなさい。

［課題］　(1) 配られた棒状試料の直径を 10 回測り、表にしなさい。
　　　　　(2) 測定結果をノギスで測定した直径と比較しなさい。

E.関数電卓の使い方

多くの場合、実験で得られた数値を関数電卓を使って処理する。そのルールや便利な操作法を知っておくとよい。

1．計算順序

$6 \times 5 + 3 \times 8 =$

$(3 + 9) \times (9 - 7) =$

$\dfrac{6 \times 9}{8 \times 3} = 6 \times 9 \div (8 \times 3) = 6 \times 9 \div 8 \div 3$

関数電卓は、計算のルールの通りに計算をしてくれる。分数の時にはよく注意する必要がある。

2．10^n の使い方

指数形式で数値を処理する場合、10^n の関数の使い方に慣れていると、間違わずに計算が速くできる。

$(2.3 \times 10^9) \times (5.2 \times 10^7) =$

$(5.1 \times 10^{-3}) \div (2.7 \times 10^{-6})^2 =$

（問）地球表面での重力加速度は、$\dfrac{GM}{R^2}$ で表される。計算してみなさい。ただし、 $G = 6.67 \times 10^{-11}$ (Nm^2/kg^2) ：万有引力定数

$\qquad\qquad$ M $= 5.97 \times 10^{24}$ (kg) $\qquad\qquad$ ：地球の質量

$\qquad\qquad$ R $= 6.37 \times 10^6$ (m) $\qquad\qquad$ ：地球の半径

3．角度の計算

角度は 60 進数で表される。すなわち、

$\qquad\qquad 1° = 60'$

$\qquad\qquad 1' = 60''$

である。角度の計算では注意すること。関数電卓では、60 進数での計算ができるようになっている。

$25° \ 37' + 36° \ 12' =$

$37° \ 22' + 12° \ 51' =$

$67° \ 2' - 23° \ 34' =$

$53° \ 24' \div 2 =$

F. テスターの使い方

テスター（英語では multimeter）は、高感度電流計・抵抗器・整流器（ダイオード）・切換えスイッチ、電池などから構成されている。何種類もの目盛が目盛板に記入されている。スイッチを切り換えるだけで、直流電流計・直流電圧計・交流電圧計・抵抗計など多目的に使用でき、かつ測定レンジの広い直読計器である。アナログとデジタル式の2通りがあるが、初心者には構造・原理を学ぶ上でアナログ式が良い。

テスター心臓部のメーターは図 F-1のような仕組みになっている。永久磁石がつくる磁場の中にコイルおき、このコイルに電流を流すと電流がつくる磁場との間に力が働き、コイルが回転する。その回転（針の振れ）角から電流を測定する計器、すなわち、電流計である。この磁極の間に置かれたコイル（図 F-1では正方形）の軸はスプリングで支えられており（コイルに働く力がなくなれば元の位置に戻る）、コイルに電流が流れると磁場から力を受け、回転し、バネの力

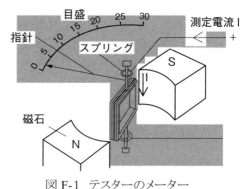

図 F-1 テスターのメーター

と釣り合った位置で静止する。電流が磁場から受ける力（ローレンツ力）は電流に比例し、回転角も電流に比例する。回転角を指針で読み取れば電流の大きさが求められる。

1. テスターの原理

テスターは、単一の直流電流計であるが、広い範囲の電圧・電流・抵抗などが測定器できる。以下に、基本回路図と測定の原理について説明する。

(1) 直流電流測定

テスターの電流計は高感度電流計で、内部抵抗 r をもち、流せる最大電流 I_m が決まっている（すなわち、電流 I_m を流すと指針の振れが最大になり、I_m 以上の電流を流すと針は振り切れる⇒ 焼損・故障の原因）。

I_m よりも大きい電流を測定したい場合は、電流計と並列に抵抗 R_s をつないで電流のバイパスを設け、電流計本体の電流が最大値 I_m を超えないようにする。基本回路を図 F-2 に示す。

赤（＋）端子から流れ込んだ電流 I_x のうち、I_mが電流計本体を流れ、

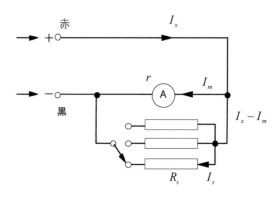

図 F-2 直流電流測定の原理

残りの $I_s\,(=I_x-I_m)$ が抵抗 R_s を流れる。この並列抵抗 R_s を切り換えて、測定できる最大電流を変える。

電流計の両端とバイパス抵抗 R_s の両端の電位差が同じであるから、

$$R_s \times I_s = r \times I_m \qquad \text{(F-1)} \quad (\text{抵抗×電流＝電圧})$$

が成り立つ（オームの法則）。測定したい電流は

$$I_x = I_s + I_m \qquad \text{(F-2)}$$

であるから、(F-1), (F-2)式からI_sを消去すると、

$$R_s \times \left(I_x - I_m\right) = r \times I_m \rightarrow I_x = \frac{r}{R_s} \times I_m + I_m$$

すなわち、I_x は次のように表せる。

$$I_x = \left(\frac{r}{R_s} + 1\right) I_m \qquad \text{(F-3)}$$

この式でR_sの値が内部抵抗rの「9 分の 1」なら、I_xは$10I_m$になる。すなわち、電流計単独で測れる再大電流I_mの 10 倍の電流が測定できることになる。

（問）　I_m の 1000 倍の電流を測るのに必要な並列抵抗R_sをrを使って表せ。

[演習問題] フルスケール 10mA の電流計を、フルスケール 30mA の電流形としたい。並列に接続する抵抗Rは何Ωにすればよいか（図2を参照）。ただし、電流計の内部抵抗を 5.00Ω とする。

(2) 直流電圧測定

(1) で述べたように、テスター内蔵の高感度電流計には、内部抵抗rがあり、流せる最大電流I_mが決まっている。

電流計に（すなわち、電流計の内部抵抗r）に最大電流I_mが流れると、電流計の針はフルスケールを指す。このときの電流計の両端の電圧は$V_m\,(=r\times I_m)$である。ということは、電流 I_m が測れる電流

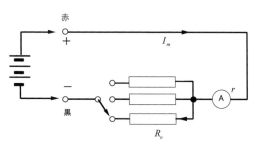

図 F- 3　　電圧測定の原理

計は$V_m\,(=r\times I_m)$まで測れる電圧計と同等であることを意味する（この電流計にV_mよりも大きな電圧を加えれば、I_mよりも大きな電流が流れ、メーターの針は振り切れて曲がったり、電流計のコイルが焼けて壊れてしまう）。

このV_mよりも高い電圧を測定したいときは、図 F-3 のように電流計と直列に抵抗R_oを接続して、電流計本体に流れる電流がI_m以上にならないように制限すればよい。

測定したい電圧をV_xとすると、

$$V_x = (R_o + r)\,I_m = (R_o + r)\left(\frac{V_m}{r}\right) = \left[\left(\frac{R_o}{r}\right) + 1\right]V_m$$

この式で、直列抵抗 R_o を内部抵抗 r の 9 倍にすれば、V_m の 10 倍の電圧が測定できる。

　（問）　V_m の 100 倍の電圧を測るのに必要な直列抵抗 R_o を r を用いて表せ。

[演習問題] フルスケール 1V の電圧計（内部抵抗 5.00Ω）で 100V を測定するには、何［Ω］の抵抗を直列接続すればよいか。

（3）抵抗測定

　抵抗 R は、加えた電圧 E と流れる電流 I の比（オームの法則）で与えられる（$R = E/V \Leftarrow E = IR$）。

　すなわち、電流と電圧とを測定すれば抵抗が求められるが、抵抗を求めるのに割り算が必

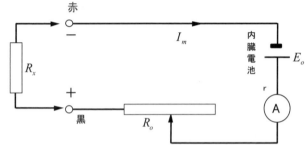

図 F-4　抵抗測定の原理

要となる。直読機器であるテスターでは、抵抗が一回の測定で読み取れる工夫がされている。

　図 F-4 の回路で、R_x をゼロにしたとき（赤黒端子を短絡）、電流計の振れが最大（電流計の許容最大電流 I_m）になるよう、可変抵抗 R_o の値を調節する。この状態で、

$$E_o = (R_o + r)\,I_m \quad \Leftarrow \text{ 電池の電圧＝}(R_o + \text{内部抵抗 r}+0)\times\text{最大電流}$$

が成り立つ。

　次に、未知抵抗 R_x をつないだとき、電流計の指示値（電流値の読み）が I ならば、

$$E_o = (R_o + R_x + r)\,I$$

が成り立つ。これら2式から E_o を消去して R_x を求めると、

$$(R_o + R_x + r)\,I = (R_o + r)\,I_m \rightarrow (R_o + r) + R_x\,I = (R_o + r)\,I_m$$

$$\rightarrow R_x = (R_o + r)\left(\frac{I_m}{I} - 1\right)$$

となる。結局、未知抵抗を求める式は

$$R_x = R\left(\frac{I_m}{I} - 1\right)$$

となる（$R_o + r = R$ とした）。$R_o,\ I_m,\ r$ は一定だから、この式に電流 I の測定値を代入すれ

ば、未知抵抗 R_x が計算で求められる（このままでは、直読できない）。

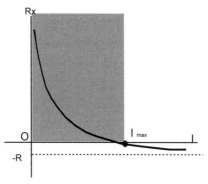

I を横軸 R_x を縦軸にしてグラフに書くと、図 F-5 のようになる。

$$R_x = R\frac{I_m}{I} - R \Rightarrow y = \frac{a}{x} - b（双曲線）$$

図の影の領域が、このテスターで測定できる抵抗範囲である（0 Ω から∞ Ω）。

テスターの最上部のメーターの目盛は、この式を使って目盛られている（メーターの右端が 0 Ω、左端が∞ Ω）。

図 F-5　テスターのメーターに流れる電流と抵抗の値との関係

この目盛は等間隔目盛ではないことに注意すること。

(4) 交流電圧測定

テスター内蔵の電流計は、直流電流計だから、直流電圧測定のように単純ではない。交流は直流に直して（整流という）から測定する。図 F-6 は、ダイオードを4個組み合わせたブリッジ整流回路である（2 年次以降に勉強する）。

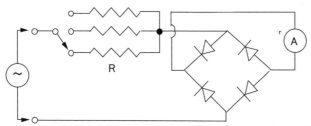

図 F-6　ダイオードを4個組み合わせたブリッジ整流回路

2. 零位調整

　テスターを水平に置いて、何もつながない状態でメーターの指針がゼロ（目盛の左端）を指していることを確認する（通常は調整ずみ）。

- ・ 目盛板の鏡を使って、針と鏡に写った指針が重なる状態で零の位置を確かめる。
- ・ もしズレがある場合は零位調整ネジで合わせる。ネジの回転角は ±10° 以内に留める（指導者に申し出る）。

3. 電気抵抗測定の実際

3－1　電気抵抗測定の手順

(1) テスターの測定レンジ切替スイッチつまみ（中央部の大きなロータリースイッチの白点）を抵抗測定の位置に合わせる（使用しない場合は、OFF の位置に合わせる）。

　・Ωで指定された範囲の中（×1～×10k）のいずれかを選択する。

(2) テストリード（テスター棒）は、赤色を（＋）端子に、黒色を（－COM）端子にしっかりと差し込む。

- ・測定原理図で説明したように、ある物体（針金や抵抗器など）の抵抗は、その物体に電圧を加えて、流れる電流を測るようになっている。
- ・切替スイッチが抵抗測定になっていると、テスター棒の赤(+)端子から(－)の電圧が、黒(－)端子から(+)の電圧が取りだせる。
  　このことは、しっかり覚えておいて欲しい。
  　（ダイオードの順方向・逆方向の判定に使える。）

(3) 零オーム調整（抵抗 0Ω の抵抗の指示値を 0Ω にする操作）：

- ・ 赤・黒 2 本のテスター棒の先端金属部分同士をしっかりと接触させる。
- ・ このときの抵抗は零であるから、指針が目盛板の右端の 0 の位置にあることを確かめる。
  　0 からずれていれば「零オーム調整器」のつまみを回して合わせる。
- ・ 零オーム調整は、測定レンジ（×1～×10k）を切り替えるたびに行う。

(4) 測定レンジの選択

- • 抵抗を測定するとき、指針の振れた位置が目盛板の両端に偏らないように、×1，×10，×100 等の中から適当なものを選ぶ。
- ・ 目盛板の数字は、×1 の場合について記入されているので、たとえば×100 のレンジで測定した時は、読みとった数値を 100 倍する。

3－2　電気抵抗測定の実習

(1)　人体の電気抵抗

　2本のテスター棒の先を左右の手でしっかりと握って、両手の間の抵抗を測りなさい。一人ずつについて測定してみなさい。

この測定によって、人体には電気が流れやすい[1]ことがわかる。これは人体のほとんどが水のためである。特に皮膚表面が汗をかいているかどうかで抵抗は大きく変わる。また握り方でも変わる。

（問）　先ほどの測定結果から、両手の間に100Vの電位差（電圧）を与えた時、流れる電流の大きさを概算してみなさい。
　　　　　　　オームの法則　電圧＝抵抗×電流

（2）　固体抵抗器
　実際に固体抵抗器の抵抗を測ってみる。

　　　抵抗両端の導線とテスター棒の端子をしっかりと接触させる。
　　　適切なレンジを選択する。この時に、零オーム調整を忘れないこと。

（問）テスター棒と抵抗器の導線とを接触させるのに両手の人指し指と親指とを使って測定した。この測定値を吟味しなさい。

抵抗測定上の注意
　抵抗が孤立していない回路中では、その中の一つの抵抗の抵抗値を測ることはできない。必ず、抵抗の片側を取り外して測定する。
　抵抗測定が終了したら、測定レンジ切替スイッチを「OFF の位置」に戻す。OFF の位置に戻さずに、しかもテスター棒がつながれたままにしておくと、テスター棒の先端同士が触れたとき、電流が流れて電池を消耗する。また、偶然高い電圧に触れると、テスター側に過大な電流が流れ込んでテスターが破損することもある。

---

[1] 人体の皮膚抵抗は、乾燥していれば約5kΩ、湿潤な状態では 約 2kΩである。また、体内抵抗は約300Ωである。

　　http://www.hokudai.ac.jp/sisetu/anzenkanri2/tebiki.files/senmon.pdf

電流の大きさと人体への影響　（周波数が1kHz 以下）
1mA 前後----------ピリッと感じる（最小感知電流）　5mA 前後---------かなりの苦痛（我慢の限界）
10mA 前後---------堪え難い苦痛
20mA 前後---------筋肉の痙攣と神経の麻痺、離脱不能
50mA 前後---------呼吸困難、気絶（相当危険）　　　100mA 前後--------**心室細動**（呼吸停止）

4. 直流電圧測定

4-1 直流電圧測定の手順

(1) テスター棒の赤が(+)端子に、黒が(-COM)端子に接続されていることを確認する。

(2) 切替スイッチを直流電圧測定(DCV)にする(0.1 から 1000V まで変えられる)。

　　・ この際、測定使用とする電圧の概略値が既知なら、それが測れる適切な測定レンジ
　　　を選択する。

　　　・ 測定する電圧の大きさが不明なときは、一番大きな 1000V の位置で測定し、
　　　　振れが小さければ、順次低い電圧レンジへと切り替え、適切なレンジを決める。

(3) 次に、テスター棒の先の金属部分を測りたい 2 点にしっかりと接触させる(接触不良で
　　は、針がフラついて値が読めない。

　　(注意)　このとき、<u>電位の高い方を赤棒、電位の低い方を黒棒に触れさせること</u>。間
　　違えて反対に接続すると、メータの指針が反対側に振れる。特に、低い電圧レンジに
　　設定していて、高い電圧の極性(+,-)を間違えて測定すると致命的な故障を引き起
　　こす。すなわち、指針は反対側に瞬時に振れるので、指針が折れ曲がったり、電流
　　計のコイルに大きな電流が流れてコイルが焼けて破損する。もし、1000V のような高い
　　電圧レンジを選択していれば、たとえ極性を間違えても、針の反対方向への振れ量
　　は小さく、電流計を破損するには至らない。したがって、最初は高い電圧レンジを選
　　ぶ習慣をつけること。また、測定箇所の電位の高低は回路(図)を見て判断できるよう
　　にならなくてはならない。

　　・針の振れ量がフルスケールの 1/3 位になるのが最も良いとされているが、針の位置
　　がメータの両端に近くなければよい。

4-2　直流電圧測定の実際

(1)配られた乾電池の両端子間の電位差(起電力)を測定して記録せよ。このとき、電圧の極性
(+、-)に注意すること。

(2)隣のグループが使っているテスターを「抵抗測定」のレンジにして、テスター棒間の電位差
(内臓電池の起電力)を測定しなさい(赤が-、黒が+である)。

5. 交流電圧測定

5-1. 交流電圧を測定するときの注意

　　・ 測定レンジ切換スイッチを交流電圧測定レンジ(ACV)にする。レンジ内のいずれを選
　　択するかは測る電圧に適したレンジにする。

　　・ 測定する電圧が不明なときは、直流電圧測定のところで述べたように、最も高い電圧レ
　　ンジから始めるのがよい。

　<u>交流の電圧目盛は、実効値で目盛られている</u>。テスターでは、<u>振動数が数十 Hz から数十</u>

KHz の正弦波交流(電圧)を測定できる(交流測定レンジで直流は測れない)。 実効値 V と最大値(振幅)V_o と peak-to-peak 電圧 V_{pp}(正弦波の山と谷の間の電位差)の関係は次式で与えられる。

$$V = \frac{V_o}{\sqrt{2}} = \frac{V_{pp}}{2\sqrt{2}}$$

正弦波以外の交流に対しては、正しい電圧測定はできない。たとえば、発振器から出る方形波の電圧(実効値)をテスターでは測れない。また、たとえ、正弦波であっても、測定可能な周波数範囲がある(通常 20Hz から 1kHz まで)。 ちなみに、電気メスの周波数は 300kHz〜5MHz、電圧は数千 V である。

5-2. 電源(AC100V)の電圧測定

　実験机の横に 100V の電源コンセントがある。このコンセント[2]から出る電圧を測定する。

　コンセントの差し込み口の形状をよく見ると、穴の長さが違っている(片方が長く、他方が短い)。家庭のコンセントでは、2穴とも同じ長さで、電気器具のソケットの向きはどちらにしてもよい。コンセントの穴の違いは、2つの穴からでる電圧が違うことを意味する。少し長い方がトランスのところでアース(接地)されている[3]。さらにその下側に小孔(アース端子)がある。小孔のアースは建物に設けられたアースである。

　100V の電圧に素手で触れると痺れる。場合によっては電撃(ショック)を受けることもあるから、くれぐれも注意する。

　電圧は 100V であるという先入観をもって測定しないこと。電力会社から送電されてきて大学構内のトランスで 100V に下げられるが、この電圧は学内の電気の使用状況で変動し、有効数字 3 ケタとしての 100V の数値は全く保証されていない。また、波の形は正弦波形でなく、歪んでいることが多い(これについては、オシロスコープの実験で確かめる)。

測定の実際

　長い穴　A　、短い穴　B、小孔　C
として、A-B 間、B-C 間、C-A 間を測定する。

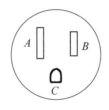

　実測値は電源電圧の実効値であることに注意しなさい。最大電圧(電圧振幅)はいくらか。

---

[2] コンセントは和製英語(海外では通用しない)。英語では *wall outlet* という。

[3] 長い穴はゼロボルトで、短い穴が 100V である。変電所から送られてきた高い電圧(6,600V)は柱上変圧器で 100V に下げられるが、この変圧器の低圧側の片方が接地(アース)されている。

カラーコード　　　　　　　　　　　　許容差

黒・・・0　黒い礼(0)服

茶・・・1　お茶を一杯　　　　　　　　　±1%

赤・・・2　赤いに(2)んじん　　　　　　　±2%

橙・・・3　み(3)かんは橙

黄・・・4　四季(黄)の色

緑・・・5　五月は緑　　　　　　　　　　±0.5%

青・・・6　徳川無声(六青)　　　　　　　±0.25%

紫・・・7　紫式(7)部　　　　　　　　　　±0.1%

灰・・・8　ハイヤー(8)

白・・・9　ホワイトク(9)リスマス

金　　　　　　　　　　　　　　　　　±5%

銀　　　　　　　　　　　　　　　　　±10%

読み取り例

第1色帯　　　　　:十の位の数字　　　　　緑(5)

第2色帯　　　　　:一の位の数字　　　　　黒(0)

第3色帯　　　　　:10の乗数　　　　　　　赤(2)

第4色帯　　　　　:許容差　　　　　　　　茶(±1%)

ならば、　$50 \times 10^2 \Omega \pm 1\%$ ($5k\Omega \pm 1\%$)

http://part.freelab.jp/s_regi_list.html

G．波動の基本

１．波動とは

　静かな水面に石を投げ込むと、水面に振動が生じ、同心円状に広がっていく。このように、連続体のある場所（波源）に生じた振動がその周囲の部分に伝わっていく現象を「波動」あるいは「波」という。

　水面波の水や音の場合の空気のように、波を伝える物質を「媒質」という。

[予習課題１]
　（１）波動の例を５つ以上あげよ。それらの波動の媒質は何か。
　（２）縦波と横波の違いは何か。

２．波の表し方

　波の形を数学的に表現するには、横軸に媒質のもともとの位置、縦軸に媒質の変位（もともとの位置からのずれ）をとる。最も単純な波は、波形が三角関数のサインで表されるもので、これを「正弦波」という。

　媒質の変位の最大値を「振幅」という。波形の同じ場所が再び現れるまでの距離（例えば「山」から「山」までの距離）を「波長」といい（図G－1）、λで表す。

３．媒質の振動

　次に、波が伝わっていく場合の媒質の各点の振動を考える。波形が正弦波の場合、媒質の各点の振動も正弦関数で表現される。媒質の各点の１秒あたりの振動回数を「振動数」あるいは「周波数」といい、fで表す。媒質の各点が１回振動するのにかかる時間を「周期」といい、T で表す。これらの定義より、

$$fT = 1 \qquad\qquad (G-1)$$

という関係が成り立つ。

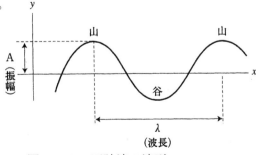

図G－1　正弦波の波形

媒質のある点が1回振動する間に、波が進む距離はλである。つまり、ある点がある瞬間に山になったとする。T秒後に再びこの点は山になるが、この間に、前回の山は右側あるいは左側に伝わっていき、この点からλだけ離れた点の山になっている。したがって、波の速度をvとすると、

$$v\,T = \lambda \qquad\qquad (G-2)$$

という関係式が成り立っている。（G-1）式を用いて、これを

$$v = \lambda\,f$$

と書いてもよい。

4．波を表す式

　x軸の正の方向に伝わる正弦波を考える。波の変位をy軸にとり、tを時刻として、原点の振動が、

$$y = A \sin 2\pi ft = A \sin 2\pi\left(\frac{t}{T}\right) \qquad (G-3)$$

で表されるとする。

[予習課題2]
（1）この式で表される振動の周期がTであることを説明せよ（t → t+T とした時に式が同じになることを示しなさい）。
（2）横軸にt、縦軸に y をとり、原点の振動の様子をグラフに示しなさい。

　この波は、速度 v で x 軸の正の方向へ進む。波が伝わっていって x 軸上の点 x に到達するまでに、$\dfrac{x}{v}$ 秒だけかかるので、点 x における変位は、原点における、$\dfrac{x}{v}$ 秒前の変位と同じになる（図E-2）。つまり、点 x，時刻 t における変位 y は、（G-3）式において、t を $t-\dfrac{x}{v}$ で置き換えればよいので、

$$y = A \sin 2\pi\left(\frac{t-\dfrac{x}{v}}{T}\right)$$

となる。（G-2）式を用いて書き直すと、

36

$$y = A \sin 2\pi \left(\frac{t}{T} - \frac{x}{\lambda} \right) \qquad (G-4)$$

となる。この式で、sin の中の、

$$2\pi \left(\frac{t}{T} - \frac{x}{\lambda} \right) \quad \text{を波の位相という。}$$

[予習課題3]

　x軸の負の方向へ運動する正弦波が次の式で表されることを説明せよ。

$$y = A \sin 2\pi \left(\frac{t}{T} + \frac{x}{\lambda} \right)$$

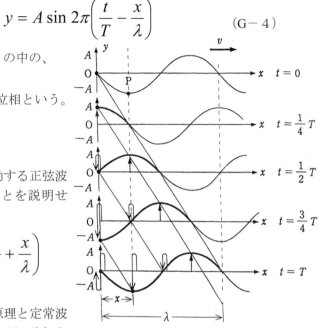

図 G-2　x軸の正の方向へ運動する正弦波

5．波の重ね合わせの原理と定常波

　物体が衝突するときには、それらの物体はお互いの中に侵入することなく、はじき飛ばされる。しかし、波の場合には、お互いの内部を何もなかったかのように通りぬけてしまう。

　2つの波が同時に来た時の媒質の変位は、それらの波が単独に来た時の媒質の変位を加え合わせたものになる。これを「重ね合わせの原理」という。すなわち、変位が y_1 および y_2 で表される波の合成の変位は、

$$y = y_1 + y_2$$

となる。

　ここで、x 軸の正の方向へ進む波と同じく負の方向へ進む波長の同じ波が重ね合わされる場合を考える。すなわち、

$$y_1 = A \sin 2\pi \left(\frac{t}{T} - \frac{x}{\lambda} \right)$$

$$y_2 = A \sin 2\pi \left(\frac{t}{T} + \frac{x}{\lambda} \right)$$

の場合、合成の変位 $y = y_1 + y_2$ は、

37

$$y = 2A \sin\left(2\pi \frac{t}{T}\right) \cos\left(2\pi \frac{x}{\lambda}\right) \qquad (G-5)$$

となる。

[予習課題4]
三角関数の和積の公式を用いて、（G－5）式を導きなさい。

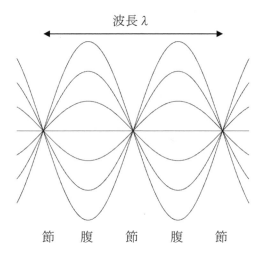

波長λ

節　腹　節　腹　節

図G－3　定常波

（G－5）式を見ると、合成された波形は、時間のみの関数になっている項と、座標のみの関数になっている項の積の形になっていることがわかる。ある点 x における振動を考えると、時間とともに変位は変化するが、その最大値は座標のみの項（第2項）できまっていることになる。すなわち、式（G－5）の第2項が点 x における振幅を表しているといえる。式（G－5）に表されるこの波の振動の様子を図 G－3に示す。この波は止まっているようにみえるので「定常波」という。振幅が最大になる場所を「腹」、振幅が0になるところを「節」という。

[予習課題5]
式（G－5）で、t=0, T/12, T/4, T/2, 3T/4 の時の波形をグラフに示しなさい。

1．単振り子による重力加速度の測定

1．目的
　　単振り子を用いて、重力加速度の大きさを求める。

2．理論
　　図1－1で、質量の無視できる針金につるされた、質量mの小球はOを中心とする半径lの円弧の上を運動する。その円弧の最下点Pから円弧に沿って測った変位（距離）をxとし、針金が鉛直線となす角をθとする。小球が図の位置にあるとき、小球には重力mg（gは重力加速度）および、針金の張力Fが働いている。針金の方向及びそれに垂直な方向について小球の運動方程式を書くと、

$$F - mg \cos\theta = 0 \qquad\qquad (1-1)$$

$$-mg \sin\theta = ma \qquad\qquad (1-2)$$

となる。（1－1）式では円弧の半径方向には運動しないので、この方向の加速度を0とおいた。（1－2）式の加速度aは次の式で表される。

$$a = \frac{d^2 x}{d t^2} \qquad\qquad (1-3)$$

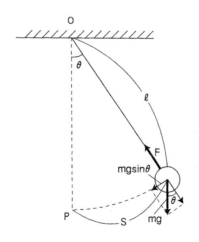

図1－1

39

また、$x = l\theta$ であること、及び、θ が小さいときは、$\sin\theta \fallingdotseq \theta$ としてよいことを用いて、（1－2）式は

$$\frac{d^2x}{dt^2} = -g\frac{x}{l} \tag{1－4}$$

となる。変位（ここではx）の２階微分（加速度）が変位に負号をつけたものに比例するときは単振動をする。

注

弧度法

運動方程式に使われている角度θは弧度法で表現されている。θがラジアンの単位で表されているとき、θに対応する半径 r の円弧の弧の長さは、$r\theta$である（弧の長さが r になる場合にその中心角を１ラジアンと定義する）。

［予習課題1］
単振動の式

$$x = x_0 \sin\omega t$$

を（1－4）式に代入することにより、ωを g とlを用いて表せ。ここでωは単振動の角速度である。また、単振動の周期Tはどのように表されるか。さらに、この式から、g を T を用いて表す式を導きなさい。

上記予習課題１の結果から、振り子の長さ l と、周期 T を計測することにより、重力加速度を求めることができることがわかる。

実測される重力加速度 g は、一定の値ではなく、地球上の位置によって変動する。緯度ϕ（度）、標高 H(m) の関数として

$$g = 9.80616 \times (1 - 2.64\times10^{-3}\cos2\phi - 3.15\times10^{-7}H) \quad (m/s^2) \tag{1－5}$$

のように与えられている。

［予習課題2］

（1）岡山理科大学十学舎における緯度と標高が、φ＝34°41′42″，H＝49
　　　（m）であることを用いて、岡山理科大学十学舎における重力加速度を
　　　前記（1－5）式を計算して求めなさい。

（2）g の値が地球上で緯度や標高によって変わる理由は何か。

3．装置と方法

　実際の計測においては、振り子をつるした点Oにおける摩擦を少なくするた
めに、図1－2のようなナイフエッジのついた吊り具を用いる。この図におい
てナイフエッジの先端（A点）が、図1における支点Oの役割をする。

　ナイフエッジのついた吊り具を用いることで、支点における摩擦を減らすこ
とはできるが、逆に、質量（正確には慣性モーメント）をもつこの吊り具の振
動が、振り子の振動に影響してくる。この影響を無視できるようにするために、
振り子の振動周期と吊り具のみの振動周期が同じになるように調整する必要が
ある。

［実験1］　単振り子のおおよその周期を求める

　壁に取り付けられた支持台Hの上にねじF_1とF_2のついた支座を乗せ、F_1
とF_2と水準器によって支座を水平に調節する。その上に球Bと針金Cのついた
吊り具を乗せ、球を一直線上で振動させ（楕円を描かないように注意すること）
てみる。球をつるした針金が鉛直方向を同じ向きから10回横切る時間（周期T
の10倍：10T）をストップウォッチで3回測定し、それらの平均値を求める。

［実験2］　吊り具の振動周期を調節する

　次に、吊り具のチャックねじEから針金をはずし、吊り具の部分のみを支座
の上に乗せて振動させる。この振動周期が実験1で求めた周期に10％以内で一
致するようにねじDの高さを調節する。この調整の過程も記録しておくこと。

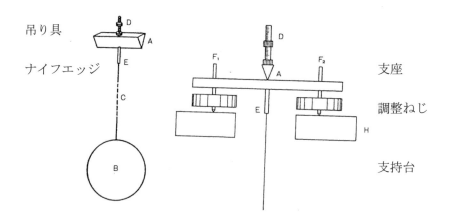

吊り具

ナイフエッジ

支座

調整ねじ

支持台

図1－2

[実験3]　周期の測定

　振動の周期を正確に求めるには工夫と注意が必要である。振動の中心位置を明確にするために、ナイフエッジの下方に方眼紙を張り、単振り子の静止位置の針金に合わせて赤線を縦に引く。視野内に十字線をもつ室内望遠鏡を離れた所におき、のぞいたときに、針金と赤線が一致するように望遠鏡を調整する。

　振り子を振らせる。このとき、（1－4）式の仮定（$\sin\theta \fallingdotseq \theta$）を満たすよう$\theta$を小さくする（3°以内が望ましい）。球の運動が同一平面上で行われるようにし、決して楕円運動にならないように注意する。支点から 1mのところでは、θが 3°に対応する振幅は5cmになる。

　ストップウォッチを用いて、針金が鉛直方向を同じ向きから 10 回切る時間（10T）を 10 回測定し、それらの平均値を求める。

[l の測定]

　ナイフエッジの支点Aから球の付け根までの長さ Lを巻尺ではかる。また、球の直径2 rをノギスを用いて測定する。それぞれの測定を5回行って記録すること。l は、

$$l = L + r$$

から求める。

4．計算と結果

　予習課題1で得られた式を用いて、実験で求めた周期 T と振り子の長さ l から重力加速度を計算する。予習課題2で計算した値からどの程度（何%）異なる値が得られたか。

5．考察

（1）実験で求めた値が、理論値からずれた要因として、どのようなことが考えられるか。

（2）誤差の伝播の式を用いて、実験で得られた重力加速度の誤差を計算せよ。

（3）上記の誤差を考慮すると、得られた実験値は理論値と一致しているか、ずれているか。

（4）より正確には、球の大きさの効果（慣性モーメント）のために、厳密な理論によれば、l は L＋r ではなく、

$$l = L + r + \frac{0.4r^2}{L+r}$$

を用いなくてはならないことがわかっている。この式を用いると重力加速度はどのようになるか。この実験ではこのような厳密な理論は必要かどうか検討せよ。

（5）重力異常とは何か。その種類と要因を調べなさい。

２．ザールの装置によるヤング率の測定

１．目的

　分銅をつるした針金の伸びを測定することにより、各種金属のヤング率を測定する。

２．理論

　フックの法則によると、弾性体の変位（伸び）の大きさは加えられた力に比例する。ばね定数を k, 加えた力を F, 変位を x として、フックの法則は

$$F = k x$$

と表される。ここで、長さ ℓ の針金（ばねと同じように扱える）に対してこの変位 x が生じたとする（図２－１A）。もし、この同じ針金を直列に２本つないで同じ力 F を加えた（図２－１B）とすると、長さ 2ℓ の針金に対して、その伸びは 2x となる。この場合、F は同じであるので、ばね定数 k' として、

$$F = k' \cdot 2x$$

となり、

$$k = 2k'$$

であることがわかる。一方、針金を並列につないだ場合（断面積が 2 倍になったことに相当　図２－1C）には、1 本あたりにかかる力は半分になるので、伸びは x/2 となり、

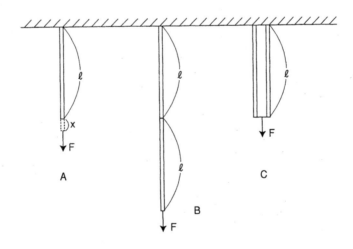

図２－１

44

$$F = k'' \frac{x}{2}$$

より

$$k = \frac{k''}{2}$$

となる。このように、ばね定数は、同じ物質（材料）であっても、長さや断面積といった形状によって変わるので、定数としてはきわめて不適当である。そこで、ヤング率 E を導入する。ヤング率は、ひずみ ε が応力 σ に比例する時の比例定数の逆数として定義されている。すなわち、

$$\varepsilon = \frac{1}{E} \sigma \qquad (2-1)$$

である。応力とひずみは本来テンソル量で表される。ここでは圧縮、伸張のみ（すなわち１次元の変形のみ）を考えるので、応力 σ は単位面積あたりに加えられた力（圧力と同じ）、ひずみ ε は単位長さあたりの伸びまたは圧縮となり、

$$\sigma = \frac{F}{S} \qquad (2-2)$$

$$\varepsilon = \frac{x}{l} \qquad (2-3)$$

と表される。

　このようにヤング率を導入すると、この値は物質の種類によって決まるため、その物体の形状によらず、変形を議論できる。

［予習課題１］　（２－１）（２－２）（２－３）式を用いて、ヤング率 E を k, l, S を用いて表しなさい。

［予習課題２］　図２－１のように、針金を直列、並列にして力 F を加えた場合に、ヤング率の定義を用いれば、応力とひずみの関係は同じになることを次のようにして示しなさい（k を使わないこと）。
（１）それぞれの場合の応力、ひずみを計算する。

（2）（2−1）式で示されるヤング率を用いて、それぞれの応力とひずみの間の関係を求めなさい（ヤング率を求めなさい）。

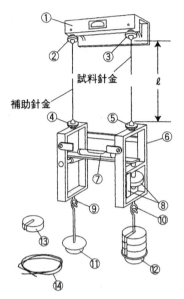

図2−2　ザールの装置

3．装置と方法

　ザールの装置を図2−2に示す。本体⑥は2本の針金で固定具①につるされている。一方⑫に分銅を載せていくと、片方の針金だけが伸びていくので水準器⑦が水平からずれる。それをマイクロメータ⑧で修正するが、その時のマイクロメータの読みによって針金の伸びを計測できる。

　次の手順によって実験を行う。

（1）黄銅または鉄の針金2本で、本体⑥を固定具①に取り付ける。この時、チャック②③④⑤を十分強く締め付けて、分銅をかけても本体が落ちないようにすること。チャックの真中に針金が通るように気をつけること。⑤のねじは最後に締め付け、水準器⑦を載せる板がほぼ水平になるようにする。本体が落下した時のために、下にクッションを置いておくこと。

（2）分銅つり具⑪⑫を取り付ける。水準器を載せ、マイクロメータ⑧を調整して、水準器が水平を示すようにする。この時のマイクロメータの読みを記録し、試料針金の長さを巻尺で測定する。

（3）分銅つり具⑫に分銅（1 kg）を載せ、水準器が水平を示すようマイクロメータ⑧を調整し、マイクロメータの読みを記録する。これを分銅4個になるまで繰り返していく。

（4）次に、分銅の個数を減らしながら同様の測定をする。同じ分銅の個数に対応するマイクロメータの読みのデータの平均をとる。

（5）今度は分銅つり具⑪に分銅をのせ、同様に実験を行う。これによって左側の針金の伸びが計測できる。

（6）針金を交換し、同様の実験を繰り返す。細い黄銅線、太い黄銅線、細い鉄線、太い鉄線等の合計4つについて測定を行う。

（7）それぞれの針金についてマイクロメータで直径を測定する。測定場所を変えて5回以上測定して平均をとること。

［予習課題3］　この実験において、つるした分銅の質量に対する、マイクロメータの読みの増加量の割合（4．結果（3）の直線の傾き）を a とするとき、針金の断面積 S、長さ l を用いてヤング率を式で表しなさい。

4．結果
（1）本実験の結果は、分銅を載せない時のマイクロメータの読みと、分銅を載せた時の読みとの差に意味がある。どのようにデータを処理し、グラフに表すのが適当であるかを考えよ。［例］分銅を載せる前のマイクロメータの読みを基準とし、分銅を載せて測定したそれぞれのマイクロメータの読みから、この基準値を差し引く。（この場合、分銅を減らしていって最後に分銅が0個のときのデータ［マイクロメータの読みの差］は0になるとは限らない。）
（2）横軸に分銅の質量、縦軸にマイクロメータの読みの差をとって、グラフを描く。
（3）グラフのデータに最小二乗法によって直線をあてはめ、その傾きから、ヤング率を計算する。

5．考察
（1）理科年表の値と比較して、下記の誤差の議論も含めて、得られたヤング率について議論せよ。理科年表の値からのずれの原因としてどのようなことが考えられるか。
（2）得られたヤング率の誤差を評価しなさい。このためには次のように考えればよい。
　　(a)予習課題3の式において、それぞれの量の誤差を評価する。
　　(b)それぞれの量及びその誤差と、ヤング率の誤差との関係式を求める（テキスト冒頭 B.実験データの取り扱いについて問題2の答えを参照）。
　　(c)その式にそれぞれの値を当てはめる。この際、直線の傾き a の誤差は、最小二乗法における直線の傾きの誤差として計算される。
（3）ポアソン比について調べなさい。
（4）ヤング率やポアソン比は、どのような自然現象あるいは物性、工業的応用と関連しているかについて調べなさい。［例］地震波の速度はどのように表されるか。

3．気柱の共鳴

1．目的

音叉の振動に気柱を共鳴させる。気柱の振動によって生じた定常波の節の位置を測定し，空気中の音の速度を求める。

2．理論

（1）テキスト冒頭にある G. 波動の基本 について理解しなさい（レポートにまとめること）。

（2）音の伝播速度

我々が耳にする音は，空気の振動の伝播であり，縦波として知られている。空気を理想気体とみなすと，音の速度 v は

$$v = \sqrt{\frac{K}{\rho}} \qquad\qquad (3-1)$$

と表せる。ここで，K は体積弾性率，ρ は空気の密度である。さて，音波による空気の密度変化が断熱過程であるとすると、p を空気の圧力、V を体積として、

$$pV^{\gamma} = 一定 \qquad\qquad (3-2)$$

が成り立つ（γ は定圧・定容比熱比，すなわち $\dfrac{C_p}{C_v}$ を表す）。この式を利用すると，K=γp となり（式の導出は省略），音の速度vは

$$v = \sqrt{\frac{\gamma p}{\rho}} \qquad\qquad (3-3)$$

と表される。これより，0℃，1 気圧のときの速度v_0は

$$v_0 = \sqrt{\frac{\gamma p_0}{\rho_0}} = \sqrt{\frac{1.402 \times 1.013 \times 10^5}{1.293}} = 331.4 \,(m/s) \qquad (3-4)$$

となる。

［予習課題1］

参考書等で式(3-1)，(3-2)，(3-3)，(3-4)について調べ，おおまかでよいから理解しておきなさい。参考書としては，たとえば，『基礎物理学（上）』金原寿郎編，裳華房，p186，p129，p297。

（3）音の速度の温度変化

T℃ での音の速度 v を v_0 より求める。一定質量の空気に対して Boyle-Charles の法則が成り立つとすると

$$v = v_0 \sqrt{1 + \frac{t}{273}} \cong v_0 \left(1 + \frac{1}{2}\frac{t}{273}\right) = v_0 \left(1 + 0.00183\, t\right) \tag{3-5}$$

となる。（上掲書，p187 参照）

（4）音の速度の湿度への依存性

空気中に水蒸気が混在することによる補正は，実験的な知見も使って

$$v \rightarrow v\left(1 - \frac{3}{8}\frac{e}{p}\right)^{-\frac{1}{2}} \cong v\left(1 + \frac{3}{16}\frac{e}{p}\right) \tag{3-6}$$

と表せる。e は気圧 p のときの水蒸気の分圧である（参考文献：『物理学実験』，三省堂，吉田卯三郎ほか，p.123）。結局，温度 t℃ での水蒸気を含む空気中での音の速度は，（3-5），（3-6)式より

$$v = v_0 \left(1 + 0.00183\, t\right)\left(1 + \frac{3}{16}\frac{e}{p}\right) \tag{3-7}$$

となる。

逆に，温度 t℃，気圧 p，水蒸気の分圧 e の空気中での音の速度 v を知って，0℃，1気圧の乾燥した空気中での音の速度 v_0 を求めるには，（3-7)式より

$$v_0 = v\left(1 + 0.00183\, t\right)^{-1}\left(1 + \frac{3}{16}\frac{e}{p}\right)^{-1} \cong v\left(1 - 0.00183\, t\right)\left(1 - \frac{3}{16}\frac{e}{p}\right)$$

$$\cong v\left(1 - 0.00183\, t - \frac{3}{16}\frac{e}{p}\right) \tag{3-8}$$

とすればよい。

（5）定常波の共鳴

図3-1のような管内に進入した音波は，水面で反射し，管口に向かって戻ってくる。管の口から底に向かって x 軸の正の向きをとると、x 軸の正の方向へ進む波（音叉で発生してガラス管の中へ向かう波）と同じ周波数、速さで x 軸の負の方向へ進む波（水面で反射してガラス管の口へ向かう波）が重ね合わされる。そして、気柱の長さが特定の長さの時には，定常波を生じて気柱は振動する（気柱の固有振動）。

具体的には、水面が定常波の節、管口が腹となるような条件を満たす長さの時に定常波を生じ、共鳴して大きな音が生じる（気柱と音叉の共鳴）。この長さは、発音体

としての音叉の振動数 f（あるいは波長λ）によってきまる。このとき、図3－1の破線で示されているように、隣あう節と節との距離は音波の波長λ の 1/2 であり、隣あう節と腹との距離は$\lambda/4$ であるから、気柱の長さ l_n と音波の波長λとは

$$l_n = \frac{\lambda}{4}(2n-1) \qquad n = 1, 2, \cdots \qquad (3-9)$$

の関係にある。ただし、節の数がn個の場合である。

ここで、このときの気柱の長さ l_nを測定し、（3－9）式よりλを知れば、

$$v = \lambda f \qquad\qquad (3-10)$$

より、音の速度vを求めることができる。

（6）開口端補正

管口の外では、空気は自由に振動できるため、管口は定常波の腹となるが、実際には、空気の振動は管口で急には大きくならず、管口より少し上に腹ができる。管口からその腹までの距離をcとすると（図3－1参照）、式（3－9）は、

$$l_n + c = \frac{\lambda}{4}(2n-1)$$

$$\therefore \quad l_n = \frac{\lambda}{4}(2n-1) - c \qquad n = 1, 2, \cdots \quad (3-11)$$

と補正される。cを開口端補正といい、cと管の半径rとの比を開口端補正率という。

[予習課題2]

図3－1を参照して、式(3－9)が成り立つことを示しなさい。

3．装置と方法

（1）実験器具

共鳴用ガラス管，水位変化装置，音叉（振動数既知），ゴム頭つち，ノギス

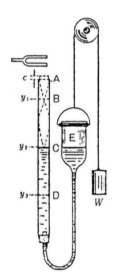

図3－1

（2）方法

図3－1のような長さ 1m くらいの、目盛りの刻まれた太いガラス管を鉛直に立て、これに水を入れる。水面を上下させることによって、気柱の長さを自由に変えることができるようにしておく。まず、音叉をつちで打ち鳴らしながら、水面を上下して、共鳴音が最大となる点を探す。この点が節の位置であり、ガラス管に刻まれた目盛りでその位置を記録する。この操作をくりかえして、第一節点，第二節点，第三節点，第四節点（各々，(3－11)式の $n = 1, 2, 3, 4$ の場合にあ

たる）などを順に計測しなさい。

　この測定において，音叉をつちで打つ時には，音叉をガラス管から遠ざけて打ち，振動している音叉を管口に近づけるようにする。また，ガラス管についている目盛りが管口を基準にしているか確認する。さらに，開口端補正率を求めるために管の内径を測定しておく。

4．測定

　次のような表を作成してデータをまとめる。これの測定を振動数既知の2つの音叉について行う。

回	第一節点 (cm)	第二節点 (cm)	第三節点 (cm)	・・・
1				
2				
3				
・・				
10				
平均				

本実験においては次のデータが必要になるので測定しておく。
　(1)　気温
　(2)　ガラス管内の空気の温度
　(3)　湿度
　(4)　気圧　（mmHg の単位で測定する）
　(5)　ガラス管の内径
　(6)　ガラス管の目盛りから読んだ、口端 A（図3－1参照）の値
　注　ガラス管の端（図3－1の口端 A）が、0の目盛りになっているとは限らない。口端からガラス管の最初の目盛りまでの長さをノギスなどで測定し、ガラス管の目盛りから読んだ口端 A の値を求めておく。

5．データの処理と結果

　次のようにして乾燥した 0℃, 1 気圧の空気中での音速、開口端補正、開口端補正率を求める。

（1）波の波長と（見かけの）開口端補正を求める。

式（3−11）から、気柱の高さ（l_n）は節の番号（n）の一次式で表されていることがわかる。節の番号 n を横軸にとってもよいが、計算処理を簡単にするために、$\dfrac{2n-1}{4}$ を横軸、気柱の高さ（測定値）を縦軸にとってグラフを作成する。最小二乗法によって直線をあてはめると、その傾きから波長λ、切片から開口端補正 c を求めることができる。このとき観測された節の番号が正しいかどうか、吟味すること（観測できるはずの節を飛ばしていないかどうか検討すること。飛ばしていることがわかった場合は、正しい n の値を使えば正しい波長を求めることができる）。

（2）式（3−10）から現在の空気中での音速 v を求める。

（3）式（3−8）を用いて 0℃，1 気圧の乾燥した空気中での音の速度 v_0 を求める。このとき、e は現在の水蒸気圧であり、次の点に注意すること。
　　湿度の定義は　（現在の水蒸気圧）／（飽和水蒸気圧）　であるから、
　　　　e ＝（飽和水蒸気圧）×（湿度）
である。現在の気温に対応する飽和水蒸気圧を、カードケースのデータから読み取り、前記の式から e を求めて、式に代入する。このとき、圧力の単位に注意すること。

（4）真の開口端補正の値 c' を求める。

（1）で切片から求めた開口端補正の値は、ガラス管に記されたスケールで読んだ開口端補正の値である。口端 A がそのスケールで 0 であれば問題ないが、口端 A が 0 になっているとは限らない。真の開口端補正の値は、実際のガラス管の端 A から定常波の腹までの距離であるから、（1）で求めた見かけの開口端補正の値 c に、ガラス管のスケールで読んだ口端 A の読みの値を加えなければならない。（図3−2）

（5）開口端補正率を求める。（4）で求めた開口端補正の値 c' をガラス管の半径 r で割って求める。すなわち、c'／r である。

6．考察
（1）本実験で求められた 0℃，1 気圧の乾燥した空気中での音の速度を理科年表の値と比較して議論しなさい。求められた音速の誤差を計算しなさい。
（2）波は媒質によってどのような種類があるか。

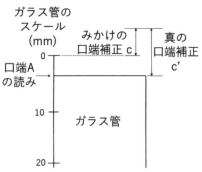

図3−2真の口端補正の求め方

（3）固体、流体中の音波の速さは，どのような物理量に依存するか。

（4）気柱の固有振動にはどのようなものがあるか、またそれは楽器の発する音にどのように反映するか。

（5）いろいろな共鳴現象を調べてみなさい。

４．モノコード

１．目的

　モノコードの弦の長さを調節し、その振動を交流の周期と同調させる。この
ときの弦の長さと、同調させた交流の周期から弦を伝わる波の速度を求め、こ
の速度と弦の張力、線密度との関係を考察する。

２．理論

（１）テキスト冒頭にある G. 波動の基本について理解しなさい（レポートに
　まとめること）。

（２）弦を伝わる波と定常波

　　長さＬの、強く張られた弦を媒質として伝わる横波について考察する。中
央付近をはじくことによって生じた波動は、左右両側へ伝わるが、それぞれ
の両端で反射し、中央付近に向かって反対方向から進行し、定常波をつくる。

　　この定常波は、両端で節となるため、振動が最大となった瞬間の波形は図
４－１のようになる。実際の振動（例えばピアノやバイオリンの弦の振動）
では、これらの複数の振動が重なり合って、さまざまな音色を生じている。

　　弦を伝わる波の速度を v とすると、波の周期 T, 波長 λ との間には、

$$v = \frac{\lambda}{T} = \lambda f \qquad\qquad (4-1)$$

という関係がある。本実験では、周波数 60 Hz である家庭用交流電源を用いて、
弦の中央付近を電磁石によって振動させ、基本振動を生じさせる。磁力は電流

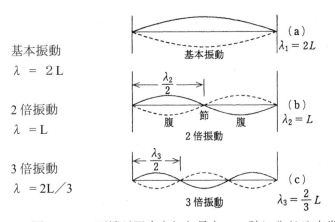

図４－１　両端が固定された長さＬの弦に生じる定常波

が正と負とそれぞれ絶対値が最大になった時に最大の引力を生じるので、実際には1秒あたり120回弦を引きつける。

[予習課題]　本実験で、弦の長さが15cmのところで基本振動が生じたとすると、この弦を伝わる波の速度はいくらになるか。（4-1）式を用いて計算しなさい。

　線密度（単位長さあたりの質量）μ (kg/m) の弦を張力 S (N) で張った時に、この弦を伝わる横波の速度 v(m/s) は次の式で与えられる（詳細は参考文献を参照のこと）。

$$v = \sqrt{\frac{S}{\mu}} \qquad\qquad （4-2）$$

本実験では、（4-1）式を用いて実験によって求めた波の速度と、（4-2）式から計算で求めた波の速度を比較して議論する。

3．装置と方法
（1）実験用具
　　モノコード、重り、電磁石、変圧器、ネジ・マイクロメーター

（2）装置の原理と使用方法
　　　図4-2は、モノコード（monochord）を示す。X、Yは、移動可能な琴柱（ことじ）である。これは、木製の柱の先に、真鍮の刃を植えこんだものである。Sは、張られた鋼鉄線である。その一端を、柱Aに固定し、他端に滑車Pをへて、重りWをつりさげる。小型の電磁石Mに60Hzの交流の電流を通し、弦すなわち金属線を振動させる。このとき、電磁石の軸が、弦に対して垂直になるように注意する（実験テーブルの面に対しては平行）。電磁石に流す電流は、家庭用の交流を変圧器Tによって、約10Vに降下させたものを用いる。つりさげた部分の金属線が実験台に触れないようにすること。

（3）実験方法
　（a）モノコードに太い弦を張り、つるす重りを1kgにして、電磁石を、X、Y間の中央の位置におく。電磁石がつねに、X、Y間の中央の位置にあるように保ちながら、2つの琴柱 X、Y の位置を移動させて、弦の振動が極大になる位置を求める。このときの、琴柱 X、Y の位置を読み、弦の長さを求める。これを5回繰り返して、振動が最大となる弦の長さの平均と平均値の誤差を求める。
　（b）重りを2kg, 3kg, 4kgにして、同様の実験を繰り返す。

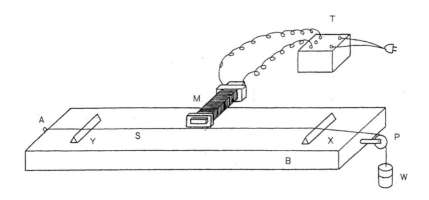

図4－2　モノコード

（c）次に細い弦を用いて同様に実験をする。細い弦については、最大の重りの質量を2kgとして、4段階の質量で実験を行う。

（d）それぞれの鋼鉄線の弦の直径を、マイクロメーターを用いて測定する。それぞれの金属線の異なる場所で5回ずつ測定する。

（4）実験上の注意

電磁石にかける電圧はスライダックによって調節するが、10V以上の電圧をかけないこと。

4．測定データ

測定データはそれぞれの実験条件（弦の直径、重りの質量）ごとに記録し、5回の測定の平均値を求める。

5．計算

（1）それぞれの実験条件での弦を伝わる波の速度の計算

実験で得られた、振幅が最大となる弦の長さの平均値を用い、基本振動においては、$\lambda=2L$ であることに注意して（4－1）式から弦を伝わる波の速度、またその誤差を計算する。

（2）弦の線密度の計算

弦が円柱であるとして、弦の直径から単位長さ（1 m）あたりの体積を計算し、鋼鉄の密度、$7.86\times10^3\,\mathrm{kg/m^3}$ を用いて線密度（単位長さあたりの質量 kg/m）を求める。

（3）波の速度の理論値の計算

重りの質量、弦の線密度を用いて波の速度の理論値を（4－2）式を使

って求める。この時、弦の張力は重りに働く重力と等しいことに注意せよ。

6．結果

（1）実験で得られた弦を伝わる波の速度と誤差、計算から得られた波の速度とを比較した表を作成する。

（2）横軸に張力の平方根、縦軸に波の速度を取ってグラフを作成する。これに、それぞれの弦の線密度から、理論を用いて計算される波の速度を直線で書き込む。

7．考察

（1）弦を伝わる波の速度の実験値と計算で得られた理論値とを比較して考察しなさい。

（2）音（空気の振動）の周波数と音程（音の高さ）との関係について調べなさい。

（3）弦をはじいた時に鳴る音の周波数（周期）は、弦の基本振動の周波数（周期）に等しい。長さ L_1、線密度 μ_1 の弦から生じる音より1オクターブ高い音が鳴るようにするには、その弦の長さや線密度をどのようにしたらよいか。

（4）弦から生じる音の倍音について調べなさい。

参考文献

P. G. Hewitt, 黒星訳　流体と音波（物理科学のコンセプト3）共立出版

原康夫　物理学入門　p.111　学術図書

小出昭一郎　物理学　p.129　裳華房

5．遊動顕微鏡による屈折率の測定

1．目的
　遊動顕微鏡を用いて、光学ガラス及び水の屈折率を測定する。

2．理論
　厚さh、屈折率nの物質がある。その底Oから出た光は、図5－1に示すように進む。ここで、屈折率nは、その定義より

$$n = \frac{\sin\theta_1}{\sin\theta_2} \qquad\qquad (5-1)$$

である。
　この底の点Oを上からながめると、n＞1の場合には、点Oはこの位置ではなく、上方の深さh'の点にあるように見える。すると、この図から、

$$\frac{a}{h} = \tan\theta_2$$
$$\frac{a}{h'} = \tan\theta_1 \qquad\qquad (5-2)$$

である。θが十分に小さいとき、

$$\tan\theta \cong \sin\theta$$

が成り立つので、これを用いると、（5－1）、（5－2）より、

$$n = \frac{\sin\theta_1}{\sin\theta_2} = \frac{h}{h'} \qquad\qquad (5-3)$$

となる。このように、点Oの真の深さhと見かけの深さh'を測定すれば、物質の屈折率nを求めることができる。

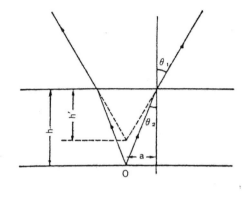 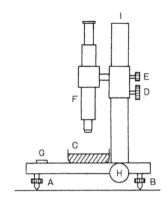

図5-1　光の屈折　　　　　　図5-2　遊動顕微鏡

3．実験装置と方法
（1）実験装置
　　遊動顕微鏡、ガラス板、シャーレ、リポコジウム、ビーカー

（2）調整と実験方法
　　図5-2でCが測定される物質、Fが顕微鏡の鏡筒である。
　　水準器Gを見ながら、A，Bのねじで台を水平にする。
　　ねじDを回すと、垂直柱Hに沿って鏡筒を上下に動かすことができ、その動いた距離はHに付属したマイクロメータで測定することができる。観察する物体の底面と表面に焦点を合わせ、マイクロメータを読むことにより、測定物のみかけの厚さを求めることができる。
　　接眼レンズ視野には十字線がはいっている。この十字線がはっきり見えるように接眼レンズのねじを調節する（視度補正）。
　　次に顕微鏡を上下に動かして、十字線から対象物がずれないように台に対して鏡筒を垂直に調整する。そして、目を左右にわずかに動かした時に十字線に対して対象物が動かなければ、十字線と像との視差はなくなっている。

（3）実験手順
① ２種類のガラスあるいは鉱物の屈折率を測定する。顕微鏡の台の上に何も載せないで台の上の傷に焦点を合わせる。そのときのマイクロメータの読みをaとする。
② 試料を台の上に載せ、もう一度、台の上の同じ傷に焦点を合わせ、その

読みを b とする。さらに、ガラスの上面の傷に焦点を合わせ、その読み
を c とする。この測定を 5 回繰り返す。

[予習課題]
（1）板の実際の厚さ、およびガラス／鉱物を通してみた時の厚さは a, b, c を
　　用いてどのような式で表されるか。
（2）ガラス／鉱物の屈折率を求める式を表しなさい。

　③　次に同じ要領で水の屈折率の測定を行う。まず、空のシャーレを顕微鏡
　　の真下に置き、シャーレの底の表面の小さな傷に焦点を合わせる。この
　　ときのマイクロメータの読みを a とする。台に焦点を合わせないよう注
　　意すること。
　④　この状態のまま、シャーレに水を入れ、もう一度同じ傷に焦点を合わせ
　　る。このときの読みを b とする。さらにごく少量の粉末を水面に浮かべ、
　　それに焦点を合わせて、そのときの読みを c とする。水を取り替え、水
　　の深さを変えて 10 回測定を行う。リコポジウムを大量に入れないように
　　注意すること。

4．実験結果
　　次のような表をつくり、各回の測定について屈折率を求める。

回	a（cm）	b（cm）	c　（cm）	n（屈折率）
1				
2				
3				
・				
・				
5/10				

5．計算
（1）屈折率の平均値と、平均値の平均二乗偏差（誤差）を求める。また相対
　　誤差を求める。
（2）水の屈折率について、横軸に水の深さ（c －a の値）、縦軸に屈折率をと
　　ってグラフを作成しなさい。

6. 考察

（1）理科年表、インターネットなどで、測定したガラス及び鉱物、水の屈折
　　率を調べて、測定結果と比較検討しなさい。

（2）前記5（2）で作成したグラフについて考察しなさい。

（3）本実験によって屈折率を求める場合、注意していないと測定において誤
　　りやすい点に気がつけばそれについて述べよ。また測定の精度を高めるには
　　どのような工夫が必要であると考えられるか。

（4）光が屈折することを利用した身の回りの道具を挙げ、その原理とその性
　　質などについて議論しなさい。

（5）複屈折について調べなさい。

（6）次の実験を行い、考察しなさい。

　　①方解石及び偏光板を準備室から借り出す。

　　②方解石を通して文字などを見ると2重に見えることを確認しなさい。

　　③この状態で偏光板を載せ、偏光板を回転させた時に起きる現象を確認し
　　　なさい。

　　④上記②③の現象を複屈折の観点から説明しなさい。

6．ニュートンリング

1．目的
　ナトリウムランプの単色光を用いてニュートンリングを観測し、凸レンズの曲率半径を求める。

2．ニュートンリングとは
　曲率半径の極めて大きいレンズの凸面とガラス面とを接触させて真上から観察すると、接点を中心に同心円の縞模様が現れる。これがニュートンリングで、白色光で見るときは虹色に美しく色づき、単色光では鮮明な明暗の縞となる。これはレンズの凸面と平面ガラスとの間にできる隙間の上下両面（レンズ－空気間、及び空気－平面ガラス間）で反射した光の干渉によるものである。

3．理論
（1）テキスト冒頭にある G. 波動の基本 について理解しなさい（レポートにまとめること）。

（2）ニュートンリングの原理
　図6－1のように、平面ガラスの上に平凸レンズ（片面が平坦で他面が曲率をもつ）の凸面を下にして乗せ、真上から波長λの単色光をガラス平面に垂直に投影し、上から観察する。レンズの凸面の曲率半径を R，曲率中心を C，レンズと平面ガラスとの接触点を O とする。レンズの中心（O あるいは D）から r

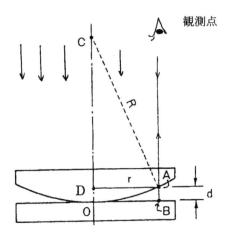

図6－1　ニュートンリングの原理

の距離にある点 A（あるいは B）における空気層（間隙）の厚さを d とする。レンズの曲率半径が十分大きければ、R に比べて d は十分小さいので、A 点で反射した光と B 点で反射した光は重なるようにして上方に進む（ほぼ平行に進むと考えてよい）。この 2 つの光の光路差（通った光路の長さの差）は 2 d である。

　A 点で反射してきた波の、観測点における変位 y が、その周期を T, 波長を λ として、

$$y_A = y_0 \sin 2\pi \left(\frac{t}{T} - \frac{x}{\lambda} \right)$$

と表されるとする。一方、B 点で反射した波は、2d だけ余分に空気中を通過してから観測点に到達するので、上の式の x を $x+2d$ で置き換えて、

$$y_B = y_0 \sin 2\pi \left(\frac{t}{T} - \frac{x + 2d}{\lambda} \right)$$

となる。光路差 2 d がちょうど波長 λ と等しい場合には、2 d＝λ　を代入すると、

$$y_B = y_0 \sin 2\pi \left(\frac{t}{T} - \frac{x + \lambda}{\lambda} \right) = y_0 \sin \left[2\pi \left(\frac{t}{T} - \frac{x}{\lambda} \right) - 2\pi \right]$$

となる。すなわち、B 点で反射した波の位相は 2 π だけ遅れて観測点に到達する。ここで、

$$y_B = y_0 \sin \left[2\pi \left(\frac{t}{T} - \frac{x}{\lambda} \right) - 2\pi \right] = y_0 \sin 2\pi \left(\frac{t}{T} - \frac{x}{\lambda} \right)$$

したがって、観測される波は、

$$y = y_A + y_B = 2 y_0 \sin 2\pi (\frac{t}{T} - \frac{x}{\lambda})$$

となって波が強めあうことになる。逆に、光路差が波長 λ の半分である場合には、位相が π だけ遅れるため、

$$y_B = y_0 \sin 2\pi \left(\frac{t}{T} - \frac{x + \lambda/2}{\lambda} \right) = y_0 \sin \left[2\pi \left(\frac{t}{T} - \frac{x}{\lambda} \right) - \pi \right]$$

$$= - y_0 \sin 2\pi \left(\frac{t}{T} - \frac{x}{\lambda} \right)$$

であり、

$$y = y_A + y_B = 0$$

のように打ち消しあうことになる。

　しかし、ニュートンリングの場合には、B 点での反射では位相が逆転することに注意しなければならない。すなわち、屈折率の低い空気から屈折率の高いガラスとの境界面にあたって反射する波では、固定端での反射となって位相が逆転する（πだけずれる）。

　まとめると、n を正の整数（$n = 1, 2, 3, \cdots$）として、光路差 2 ｄについて

$$2d = (2n-1)\frac{\lambda}{2} \qquad \text{（光路差が半波長の奇数倍）} \quad （6－1）$$

のとき、強めあう（明るくなる）。

$$2d = n\lambda \qquad \text{（光路差が波長の倍数）} \qquad （6－2）$$

のとき、打ち消しあう（暗くなる）。

［予習課題１］
（１）図６－１の直角三角形 ADC に三平方の定理を適用して、光路差 2 ｄと r
　　と R との間には
$$2dR = r^2 \qquad\qquad\qquad （6－3）$$
　　の関係があることを示せ。ただし、ｄは R に比べて十分に小さいとして ｄ²
　　の項を無視すること。例として、R ＝ 2 (m), r ＝ 1 (cm) の時に、ｄはい
　　くらになるか計算してみよ。
（２）この結果を用いて、（６－１）式および（６－２）式に示した明るくなる
　　　条件、暗くなる条件を、ｒと R を用いて表せ。

　上記の予習課題１の結果からわかるように、R は一定であるから、ｒ（すなわちｄ）の等しい点は同じ明るさになるので、O を中心とした光の環（リング）ができる。ｒが増加または減少していくと明るいリングと暗いリングが交互に現れ、多くの同心の環が観測される。ｎが増すにつれて環の半径は大きくなるが、縞の間隔はつまっていく。この環の半径ｒを測り、既知の単色光の波長λを用いれば、凸面の曲率半径 R を求めることができる。

［予習課題２］
　実際の測定では、環（リング）の中心が決めにくいので半径ではなく直径を測定する。ｎ番目の暗環の直径を D_n とするとき、D_n をｎ，λ，R を用いて表しなさい。

４．装置：
ニュートンリング測定器
(図6-2)

① 顕微鏡鏡筒
② 測微計　測微尺（ねじマイク
ロメータ式)
③ 反射鏡　ハーフミラー　反射
率60%
④ 載物台
⑤ 試料台
⑥ ニュートンリング板　（平凸
レンズ及び平面ガラス板)

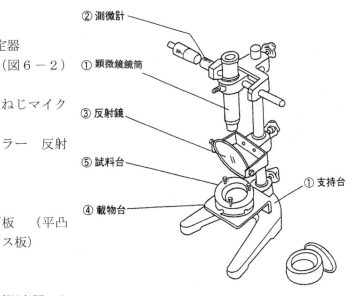

⑥ニュートンリング板

図6-2　ニュートンリング測定器

５．方法
（1）ニュートンリング測定器、ナ
トリウムランプ、集光レンズを
準備する。
（2）ガラス拭き
平凸レンズ、平面ガラス板が汚れている場合はアルコールを浸したキムワイ
プで拭く（通常は必要ない）。観測されたニュートンリングが歪んでいる場
合は拭くこと。
（3）図6-3のように、平面ガラス板の上に平凸レンズの凸面を下に向けて
（ガラス板とレンズの側面についている矢印が向かい合うように）試料台中
央に載せ、プラスチックのリングを乗せて覆いを固定する。

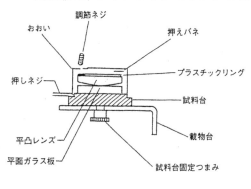

図6-3

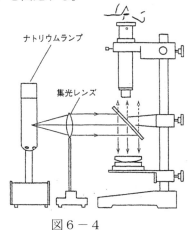

図6-4

（4）顕微鏡の調整（図6－4）

鏡筒の位置を測微尺の中央になるように、ねじマイクロメータの読みが 12 mmの位置にする。接眼レンズを左右に回して、黒い十字線がはっきり見えるようにする（視度補正）。ニュートンリング板のレンズ面と平面ガラスの接する面にピントを合わせる。

（5）ナトリウムランプを点灯し、ランプの高さ（光の出口窓）を反射鏡の中心の高さに合わせる。次に反射鏡の傾きを適当に調節してニュートンリング板を照射し、顕微鏡から見える視野全体が明るくなるようにする。この状態でニュートンリングが見えるはずである。ピントなどを微調整する。見えない場合は、反射鏡の位置、向き（表裏がある）などをチェックすること。

（6）ニュートンリングの中心が接眼レンズの十字線の交点にくるように、試料台の覆いのねじを調節する。十字線の1本が、ねじマイクロメータを動かしたときの顕微鏡の移動方向に対して垂直になるようにする。

（7）測定　環の中心から順に暗環の番号を n=0,1,2,3・・・とし、測定は n＝6 ～ 15 の 10 本について行う。測微尺のマイクロメータは、測定の途中で逆転すると、ねじの遊びによってずれを生じるので、押し込む方向のみで測定を行うのが望ましい。顕微鏡をのぞきながら、マイクロメータを反時計回りに回し、暗環の 15 本以上の外側まで動かしてから時計回りに回し、15 番目の暗環の中央に十字線を合わせる。この位置で、マイクロメータの読みを記録する。順に 15－6 番目の暗環の中央の位置を読む。次に中心を越えて半径の大きくなる方向へ n＝6～15 の反対側の暗環の中央の位置を読んでいく。

（8）測定が終わったら、おおいをはずし、ニュートンリング板を 90° 回転させて、同様に再度測定する。

6．測定データ例

環番号	右側の読み（ｍｍ）	左側の読み（ｍｍ）	直径 D_n (mm)	D_n^2 (mm^2)
15	16.620	6.920	9.700	94.090
14	16.495	7.035	9.460	89.492
・	・	・	・	・
・	・	・	・	・
6	・	・	・	・

7．グラフの作成

　横軸に環番号 n 、縦軸に直径の 2 乗（$D_n{}^2$）をプロットしてグラフを作成する。記入した点は直線上に乗るはずである。

［予習課題 3 ］

　　ニュートンリングの直径の 2 乗（$D_n{}^2$）と環番号（ n ）の関係（予習問題 2 の解答）を用いて、このグラフの傾きと曲率半径 R との関係を求めなさい。

8．計算と結果

　予習課題 3 の結果及び、ナトリウムランプの波長 λ ＝589.3nm を用いて、直線の傾きから曲率半径 R を計算する。

注　ナトリウムランプの発するスペクトルは、接近した 588.995 nm および 589.592 nm の 2 本の線スペクトルからなり、 NaD 線（D は doublet の意）と呼ばれる。この実験では 2 本の平均波長を用いる。

9．考察

（1）ガラス／平凸レンズの直径を測定し、（6－3）式を用いて d を計算しなさい。目視から推定される d の値と比較して、もっともらしい値となっているか。

（2）グラフ上の点のばらつき、あてはめた直線の切片などをもとに、下記の誤差を含めて、得られた曲率半径について議論しなさい。

（3）曲率半径の誤差を求めなさい。

（4）ニュートンリングと同じ原理（波の干渉）によって、身の回りに生じる現象を挙げ、それがどのようにして起きるのか説明しなさい。

7．マイケルソンの干渉計

1．目的

マイケルソンの干渉計の構造と機能を学び、これを用いて He-Ne レーザー光の波長を測定する。

2．理論

本実験で用いるマイケルソン干渉計の装置では、図7－1のように、レーザー光源装置から出てビームスプリッター（BS）に入射した光は、透過したビーム1と表面で反射したビーム2に分かれる。ビーム1は平面鏡 S1 で反射して戻り、BS の表面で再び反射してスクリーンに到達する。一方、ビーム2は平面鏡 S2 で反射して戻り、BS を透過してスクリーンに到達する（BS の表面で反射したものはレーザー光源の方へ戻っていく）。BS とS1，S2との距離が同じであれば、光路差がないため、2つの光（1，2）は強めあうが、光路差が半波長の奇数倍の場合には弱めあう。

実際の実験では、レーザー装置の出口にレンズを取り付けているために、同心円状の干渉縞が観測される。これは、レンズによってレーザー光が広がり、中心から離れるに従って、中央部分に比べて光路差が大きくなっていくためである。この実験では、S2を固定しておいて、S1とBSとの間の距離を変化させたときの、中央部分の明暗の反転の回数を測定する。

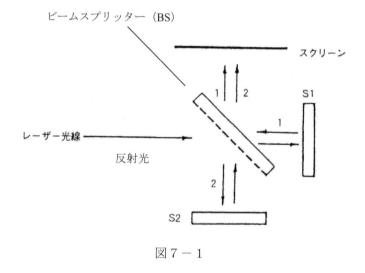

図7－1

68

今、平面鏡Ｓ１を動かして、Ｓ１とビームスプリッターとの間の距離が光軸に沿ってΔｓだけ変化したとする。

［予習課題１］レーザー光とはどのような性質をもった光か。なぜ強力で危険なのか調べなさい。

［予習課題２］
（１）BSとＳ１を往復するレーザー光の光路の長さは、Ｓ１をΔｓだけ動かす前に比べて、どれだけ変化するか（往復することに注意）。
（２）Ｓ１を動かす間に縞の中央部分で明暗がｎ回反転したとき（明→暗→明　または　暗→明→暗がｎ回繰り返したとき）、λ，ｎ，Δｓの間に
$$2\Delta s = n\lambda \qquad\qquad (7-1)$$
という関係式が成り立つことを説明しなさい（文章で書く）。

　（７－１）式を用いれば、ｎとΔｓを測定することによって光の波長λを求めることができる。

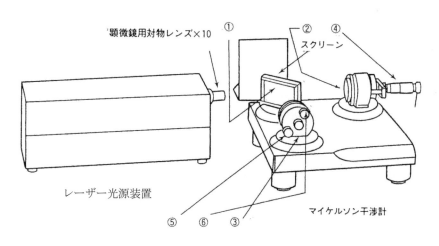

①ハーフミラー（ビームスプリッター）　②微動ミラー
③固定ミラー　　　　　　　　　　　　④ねじマイクロメータ
⑤Ｘ調整ねじ　　　　　　　　　　　　⑥Ｙ調整ねじ
図７－２

3．装置　（図7−2）
　　マイケルソン干渉計
　　レーザー光源装置
　　顕微鏡用対物レンズ（10倍）

4．実験方法
（1）マイケルソンの干渉計、レーザー光源装置、スクリーンを図7−2のように配置する。顕微鏡用対物レンズははずしておく。
（2）レーザー光源の電源をONにし、固定ミラー③の表面を紙などでおおって光が反射しないようにする。この状態で、ビームが微動ミラー②の中心部分に当たり、かつ反射光がレーザー光源の光の出口に戻るように調整する。さらに、ビームのスポットがスクリーンに映ることを確認する。
（3）固定ミラー③の覆いを除き、固定ミラーに反射したビームによるスポットがスクリーンに現れるように固定ミラーのX調整ねじ⑤、Y調整ねじ⑥を動かす。そして、さらに微動ミラーを調節して、反射したビームによるスポットと一致するように調整する。
（4）顕微鏡用対物レンズを取り付ける。
（5）これで、スクリーン上に同心円状の干渉縞が現れるはずである。干渉縞の中心がスクリーンの中央にくるようにX，Y調整ねじ⑤⑥を動かす。以上でマイケルソンの干渉計のセッティングが完了する。
（6）次に微動ミラーの後側に付いているねじマイクロメータ④をゆっくり回して、マイクロメータの目盛りを1〜2mmのところに合わせる。
（7）ねじマイクロメータをゆっくりと回し、干渉縞が吸い込まれる方向を定める（逆回転なら湧き出す）。
（8）ねじマイクロメータをゆっくりと回していき、縞模様が50回吸い込まれるごとに目盛りを読み取る。途中でマイクロメータを逆回転させないこと。本装置のマイクロメータの最小目盛りは、0.001mmで、副尺を利用すると0.0001mmまで読み取れる。50回の吸い込みを10回連続して繰り返す（合計500回の吸い込みになる）。

注意
（1）レーザー光線を直接目に入れないように気をつける。また、金属や鏡による反射光も同様に強いので気をつけること。
（2）ねじマイクロメータは壊れやすいので、決して締めすぎたり、緩めすぎたりしないこと。1〜2mm程度の範囲内で動かすのがよい。
（3）固定ミラーのねじ⑤⑥はていねいに扱うこと。

（4）ハーフミラー（BS）を手でさわったり、傷つけたりしないよう細心の注
意を払うこと。

5．測定例

n	s （mm）
0	2.0367
50	2.0198
100	2.0041
・	・
・	・
500	1.8938

6．計算と結果

　横軸にn，縦軸にsをとったグラフを作り、最小二乗法によって直線をあては
め、その傾きから、波長λを求めよ。波長λの誤差を求めなさい。

［予習課題3］横軸にn，縦軸にsをとったグラフを作ったとき、あてはめた
直線の傾きとレーザー光の波長の関係式を（7－1）式より求めなさい。

7．考察
（1）He-Ne レーザーの波長 632.82nm と比較して、得られた測定値について議
論しなさい。
（2）縞が 50 個吸い込まれる間にミラーが動いた距離Δsを測定結果から求め
てみよ（測定結果の表の隣り合うsの差、上の表の場合 10 個のデータが得
られる）。このΔsの平均値から波長λを求めると共に、ばらつきの大きさ
（平均値の平均誤差）から、λに含まれる誤差を求めなさい。
（3）上記（2）の結果を6．で求めたやり方と比較して、どのような場合に
どのようにするのが適切なデータの処理法であると考えられるか。
　(a) 縞を 50 個数えるべきところ、数え落としのため余計に吸い込ませて測定
してしまった。これはどのようにしてそのようなことがあったと推定
でき、どのようにデータを処理するのが適切であるか。
　(b) ある測定において、マイクロメータの読み方を誤った。これはどのよう
にしてそのようなことがあったと推定でき、どのようにデータを処理
するのが適切であるか。
　自分たちの測定において、(a)(b)のようなことがあったか、なかったか、理
由を付して考察しなさい。

（4）マイケルソンはそもそもどのような目的のために、この干渉計を考案したのか、また観測の結果はどうであったのか。

（5）マイケルソンの干渉計がどのような分野でどのように応用されているか。

8．回折格子

1．目的

透過型の平面回折格子による光の回折現象を応用して、各種光源の光の波長を測定する。

2．理論

図8－1(a)のように平板で狭い隙間、すなわちスリットSをつくり、それに左側から平行光線をあてると、光はスリットの右側に広がりながら進む。この現象を回折 (Diffraction) という。ここで、図8－1(b) のようにスリットが間隔 d （これを格子定数という）で並んだ回折格子を考える。格子面に垂直に入射した光は、それぞれのスリットで図8－1(a) に示したような回折を起こす。その中で入射方向と θ_1 の角をなす方向に進む波に注目する。図8－1(b) で、十分に離れたスクリーン上の同じ点に回折した光A'とB'が到達するが、スクリーンまでの距離が十分大きければ、光A'とB'は平行であるとみなしてよい。図8－1(b) で、θ_1 方向に回折した光線B'にAから下した垂線の足をHとすると、スクリーンまでのB'の光路は、A'に比べて、BH＝d sin θ_1 だけ長くなる。入射光線として一定波長 λ の単色光を用いたとき、点AとBにおいて、波は同位相になるので、距離BHが波長 λ と等しければ、θ_1 方向に進む平行光線AA'とBB'は同じ位相になり、スクリーン上で強めあうことになる。つまり、

$$\mathrm{BH}= d \sin \theta_1 \qquad (8-1)$$

が満足されるとき、θ_1 方向に進む光は互いに干渉して強め合い．その結果として強い回折光が観測される。この回折光を1次回折線と呼ぶ。一般に、光路差 BH が λ の整数倍のとき、角度 θ_m の方向に強い回折線が観測される。この条件は、

$$\mathrm{BH}= d \sin \theta_m \qquad (8-2)$$

$$(m = 0, 1, 2, 3 \ \cdots\cdots)$$

となる。この θ_m 以外の方向に進む光は互いに干渉してほとんど打ち消されてしまう。回折格子から十分離れた位置にスクリーンを置くと、（8－2）式を満足する回折光のみが観測され、m=0 に対応する0次の回折線（回折しなかった光）、その両側に m=1,2,3... に対応する1次、2次、3次・・・の回折線が観測される。

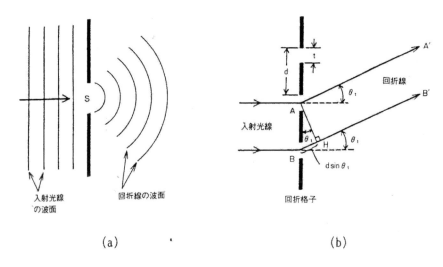

（a）　　　　　　　　　　　（b）

図8－1　　光の回折と回折格子の原理

　　回折格子の 1mm あたりの溝の数を n とすれば、　$d = \dfrac{1}{n}$ (mm)であるから、

$$\lambda = \frac{\sin \theta_m}{mn} \qquad\qquad (8-3)$$

から波長 λ を求めることができる。 1次の回折線（m=1）の場合には

$$\lambda = \frac{\sin \theta_1}{n} \qquad\qquad (8-4)$$

であるから、回折線に対する回折角 θ_1 を測定すれば、波長 λ が計算できる。

［予習課題1］
（1）赤、緑、紫の可視光の波長範囲はいくらか。
（2）それぞれの中心波長について、n＝200 の場合に θ_1 を計算しなさい。

［予習課題2］
　　$\theta_1 = 6° 43'$ と $\theta_1 = 6° 53'$ の場合について、n＝200 としてそれぞれ光の波長 λ を計算せよ。この計算結果から考えて、光の波長を 10nm の精度で測定しようとするとき、θ_1 はどれくらいの精度で測定する必要があるか。

3．装置と方法
（1）実験器具
　　分光計、回折格子、回折格子ホルダ、線スペクトル光源（Na, Hg, Cd ランプ）、
　　豆球ランプ（電源トランス付）

（2）方法
　①分光計の調整
　　　図8－2に示す分光計を用いる。分光計はあらかじめ調整が済んでいるの
　で、以下の予備調整のみを行った上で実験を始める。
　　　分光計の中央にある回転台B_1とB_2の2枚の円板間の間隔がだいたい一定
　であることを目測で確かめる。もしも顕著に違っている場合には、B_2に付
　いているねじN_1, N_2を用いて調整する。次に、分光計全体を横から見て、望
　遠鏡T及びコリメータCの光軸が、回転台の回転軸に垂直になっていること
　を目測で確かめる。これが明らかにずれている時には担当教員に申し出るこ
　と。

　②回折格子の据え付け
　　　分光計の回転台B_1にホルダにはさんだ回折格子を図8－3のように載せ、
　回折格子の格子面をコリメータの光軸に垂直にする。このとき格子面、すな
　わち、溝が切られている面（刻線数が記されている面）を望遠鏡側にする。

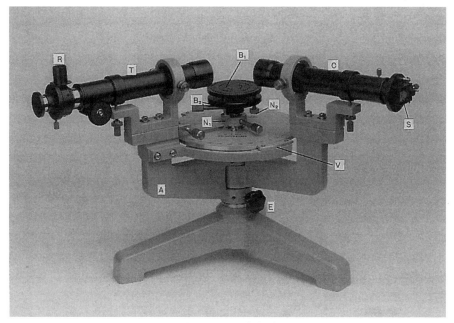

図8－2　分光計

75

これは、回折光に対するガラスの屈折率の影響を避けるためである。次に、望遠鏡とコリメータとがほぼ一直線になるようにする。なお、回折格子の格子面を絶対に触ったり、物で拭いたりしないこと。また、回折格子をホルダからはずさないこと。

③光源の点灯

　コリメータCについているスリットSの前方約1cm のところに、図8－3に示すように光源を置く。光源は円筒状のカバーで覆われていて、このカバーの中央部分の穴から光が出るようになっている。光源を点灯すればランプは放電を開始する。強度が十分に増すまで数分待った方がよい。

④回折線の観察

　図8－2のRの位置で豆球を照らしながら、望遠鏡をのぞくと、視野の中央に非常に明るいコリメータのスリット像、すなわち0次の回折線が見える。見えない場合は、ねじEを緩めてから、支持腕Aを持って、望遠鏡を左右に動かしてみる。このとき、鏡筒Tを持って回転させないこと。また、スリット像が、十字線の太さに比べて著しく広い場合には担当教員に申し出て、スリットを調整してもらうこと。

　十字線がはっきり見えない場合は、接眼レンズのねじを回してはっきり見えるように調節する（視度補正）。その上で、スリットの像がはっきり見えるように焦点をあわせること。

　0次の回折線の左右に対称に1次の回折線が1本ずつ、計2本見えるはずである。この間の角度を測定する（次項参照）。鏡筒を回転して確認しなさい。本実験で用いる回折格子は1次の回折線をはっきり見えるように工夫し

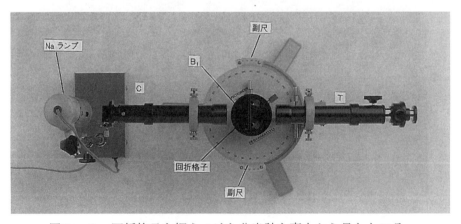

図8－3　回折格子を据えつけた分光計を真上から見たところ

てあるため、2次以上の回折線は見えない。

　1次の回折線を観測しながら、回折格子を台の上で左右に回転させると、それに伴って回折線が左右に動くことを確認しなさい。回折線が最も中央寄りになるところで止めて、以下の実験を行いなさい。この状態で回折格子が光軸に対して垂直になっているはずである。

⑤回折角の測定

　0次の回折線を中心にして左側と右側に見える、2本の1次の回折線の間の回折角を測定する。

(a) 接眼レンズの十字線の交点に、左右どちらかの回折線をあわせる。このとき豆球で照らすと観測が容易になる。

(b) 回転台上の目盛り及び副尺を用いて角を読み取る（注1を参照）。目盛りを読む場所が回転台上左右に2箇所あるので、それぞれで読み取ること。

(c) 鏡筒を回転させて、逆側の回折線にあわせ、同様に角を読み取る。左と右との回折線の角の差が、回折角の2倍になっているので、差をとり、2で割って回折角を求める（注2）。

（3）波長の計算

　式（8−4）を用いて波長を計算する。波長はnm（ナノメートル）の単位で求めること。

注1　副尺の読み方

　基本的には、ノギスと同様である（「副尺の読み方」の項参照）。副尺では、主尺の最小目盛りを、副尺全体の読みで割った値を単位として読み取る。この分光計の場合、主尺の最小目盛りは0.5°、副尺には30の目盛りがある。0.5°を30分割したものを単位として読むことになる。これは、角度特有の単位系のためである。つまり、角度は60進数であり、

　　　　1°（度）　=　　60’（分）
　　　　1’（分）　=　　60”（秒）

となっている。0.5°=30’であるから、副尺の最小目盛りは1’であることがわかる。

注2　角の計算について

　前述のように角は60進数なので、計算には注意する（1°=100’で計算しないこと！）。電卓の60進数の機能を使用すると簡単に計算できる。また、三角

関数を計算する時の単位に注意すること。つまり、電卓の単位が度(DEG)になっており、ラジアン(RAD)やグラジアン(GRAD)でないことを確認して計算すること。

4．測定

　ナトリウムランプのほかに、水銀ランプ、カドミウムランプを用いて同様の測定を繰り返す。水銀ランプ、カドミウムランプについてはいろいろな色の回折線が見えるので、見える線のすべてについて色ごとに計測して波長を求めること。表8－1のような表を作成するとよい。

表8－1　　回折格子による回折角の測定例

ランプ色	回折線の位置	目盛板の読み		目盛板の読みの差 $2\theta_1$	$2\theta_1$ の平均値	θ_1
Na ランプ 黄色	左	左	269° 50'	13° 26'	13° 25'30"	6° 42'45"
	右		256° 24'			
	左	右	89° 48'	13° 25'		
	右		76° 23'			

回折線の位置：　　望遠鏡の視野中での0次の回折線に対する位置
目盛板の左右：　　目盛板上での角の読みの位置

注意

　目盛板の読みは左右でちょうど 180°異なるはずである。ずれている場合は読み方を誤っている可能性があるので、再測定すること。注意深く測定すれば、読みの差の値は目盛板の左右で 2～3'の差となる。5'以上異なる場合は再測定を勧める。

5．考察

（1）求められた波長を、理科年表の値と比較して議論せよ。大きくずれている場合、目盛板の読みの差 $2\theta_1$ が、左右で大きくずれていないかどうかチェックせよ。読みが大きくずれている場合、平均を取らないで、それぞれから θ_1 を求め、光の波長を求めてみなさい。

（2）1次の回折線を観測しながら、回折格子を台の上で左右に回転させると、それに伴って回折線が左右に動くのはなぜか。回折格子を光軸に対して垂直にしないで実験を行うと、どのような波長が得られることになるか。

（3）回折格子の機能を、その原理との関連で議論せよ。回折格子はどのように利用されているか。

（4）水銀ランプ、カドミウムランプでいろいろな色の回折線が観測された理由について考察しなさい。ランプは青い光を発しているように見えるが、いろいろな光が見えたのはなぜか。

9. 熱の仕事当量

1. 目的

　水熱量計の電熱線に一定時間電流を流し，その間の水の温度上昇を測定することにより，熱の仕事当量を求める。

2. 理論

　電熱線の両端の電位差を V（ボルト；V）にして，電流 i（A）を時間 t（sec）流したとき，電流は

$$W = Vit \qquad （ジュール；J） \qquad\qquad (9-1)$$

だけの仕事 W をする。この仕事によって熱量計およびその中の水は熱量を得，温度が上昇する。

　熱量計内の水の質量を m（g），水の比熱を c（cal/gK），熱量計の水当量を w（g）とする。電流を流したことにより水温が q_1（℃）から q_2（℃）まで上昇したとすると，熱量計および水が得た熱量 Q は，

$$Q = c(m + w)(q_2 - q_1) \qquad （cal） \qquad\qquad (9-2)$$

で与えられる。

　（9-1），（9-2）式より熱の仕事当量は，

$$J = \frac{W}{Q} = \frac{Vit}{c(m + w)(q_2 - q_1)} \qquad （J/cal） \qquad\qquad (9-3)$$

である。　ここで　$c = 1.00$（cal/gK）である。

[予習課題1]

　電流のする仕事式（9-1）について調べ，理解しておきなさい。参考書としては，たとえば，『力と運動』原康夫，東京教学社，p188。

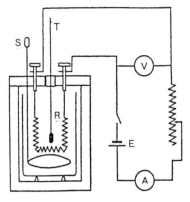

図9-1　実験装置配線図

3．装置と方法

装置の概略を図9−1に示す。Eは直流電源，Aは電流計，Vは電圧計，Rは電熱線（ニクロム線），Sは攪はん器，Tは温度計である。実験は次の順序で行う。

（1）熱量計の水当量の測定

熱量計に電熱線，攪はん器，温度計をセットした後，水 m_1（g）を入れ，攪はん器のつまみを手でもって，攪はん器が電熱線等に触れないように注意しながら，静かに上下に攪はんする。このときの温度T_1（℃）を測定する。次に予め温めておいた温度T_2（℃）の水m_2（g）をすばやく加えて混合し，攪はんした後，温度T（℃）測定する。

熱量計の水当量をw（g）とすると，熱量計からの熱損失がないとすれば

$$(m_1 + w)c(T - T_1) = m_2 c(T_2 - T) \qquad (9-4)$$

が成り立つ。（9−4）式から

$$w = m_2 \frac{T_2 - T}{T - T_1} - m_1 \qquad (9-5)$$

を得る。このとき熱量計容器内の水量 $(m_1 + m_2)$ は8分目位とする。

［予習課題2］

水当量とは何か、調べなさい。参考書としては，たとえば，「物理学実験」，吉田卯三郎ほか，三省堂，p105。

（2）電流による熱量計内の水の温度上昇の測定

容器内の水を入れ換える。このとき，容器や攪はん器には，水当量の実験による余熱があるので，入れる水と同じ温度になるまで冷やしてから，再び8分目位の水を容器に入れる。静かに攪はんした後，温度 q_1（℃）を測定する。次に電熱線に1.00（A）〜2.00（A）程度の電流をt（sec）間通じた後，温度 q_2（℃）を測定する。この間，攪はん器で電熱線等に触れないように静かに攪はんし，内部の温度を一様に保つ。温度上昇 $(q_2 - q_1)$ は (室温$- q_1$) の2倍程度が望ましい。

測定時には，電流を通じた時間（横軸）と上昇する温度（縦軸）をグラフにプロットするなどし，どの時点の温度をq_2とするかに注意しなさい。

4．測定データ（例）

（1）水当量

m_1	100.772　g
T_1	17.8　℃
m_2	45.080　g
T_2	75.0　℃
T	34.0　℃

左の表と（9－5）式から有効数字
を考慮して計算すると

$$w = 13.3\,\mathrm{g}$$

を得る。

（2）熱の仕事当量

水の質量	m	148.722　g
水当量	w	13.3　g
電圧	V	3.90　V
電流	i	1.40　A
時間	t	300　sec
最初の水温	q_1	18.0　℃
上昇後の水温	q_2	20.5　℃

5．計算

上の表と（9－3）式から有効数字を考慮して計算する。

6．結果　（上の例の場合）

熱の仕事当量　　$J = 4.0$　　（J／cal）

7．考察

精密測定値は，4.1855（J/cal）である。この値と測定した値との違いの原因を考察し，実験の改善点などを検討しなさい。

（1）実験途中で熱の損失があるとすると、Jの値はどのように求められるか。
（2）熱がヒーター線以外のどこからか供給される可能性はあるだろうか。

10. ホイートストン・ブリッジ

1．目的

　ホイートストン・ブリッジを用いて金属線の電気抵抗を測定し，その金属線の抵抗率を求める。

2．理論

　電気抵抗を測るには，テスターを用いる等，測定すべき抵抗値の大きさや要求される測定精度に応じて，いろいろな方法がある。ここではより精度の高い測定方法であるホイートストン・ブリッジを用いる。

（1）　ホイートストン・ブリッジの原理

　4個の抵抗（P，R_X，Q，R）を図10-1のように接続し，AB間に検流計Gを接続する。検流計Gの振れがなくなるように，つまりAB間の電位差が0（AB間に電流が流れない）になるように可変抵抗Rを調整したとする。このとき，P，R_Xを流れる電流を i_1，QおよびRを流れる電流を i_2とすると，CA間とCB間の電圧降下が等しく，またAD間とBD間の電圧降下が等しいことから，次式が成り立つ。

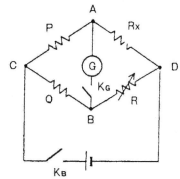

図10－1　ホイートストン・ブリッジ
原理を示す配線図

$$Pi_1 = Qi_2 \qquad R_X i_1 = R i_2 \qquad\qquad (10-1)$$

これらの比をとると

$$\frac{P}{R_X} = \frac{Q}{R} \qquad \therefore\ R_X = \frac{P}{Q} R \qquad\qquad (10-2)$$

となる。すなわち，抵抗P，Qが既知でR_Xが未知であると，可変抵抗Rの読みによって，R_Xが分かることになる。

（2）　抵抗率

　断面が一様な細長い金属線の電気抵抗R_X（オーム；Ω）は，金属線の長さをℓ（m），断面積をS（m^2）とすると

$$R_x = \rho \frac{l}{S} \qquad\qquad (10-3)$$

と表される。ここで ρ を抵抗率という。単位は $\Omega\mathrm{m}$ である。(10−2) 式で求めた金属線の電気抵抗 R_x を用いて，金属線の抵抗率は

$$\rho = \frac{R_x}{l} S \qquad\qquad (10-4)$$

として求められる。金属線の長さ l は巻尺で測り，断面積 S はマイクロメータにより断面の直径を測定することによって得られる。

3．装置と方法

(1) ホイートストン・ブリッジの原理

ホイートストン・ブリッジにはいろいろな型式のものがあるが，代表的な P. O. 箱（Post Office Box）と呼ばれるものを用いて原理を説明する。これは，図10−2のような栓型抵抗器を図10−3のように組み合わせたものである。栓型抵抗器はマンガニン線の抵抗ボビンAと黄銅の角棒Bと黄銅の栓Cとからなり，栓を抜くとその孔に対応した抵抗ボビンの抵抗が入るようになっている。

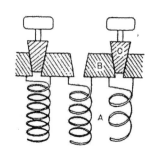

図10−2　抵抗ボビン

広い範囲の値を持つ未知の抵抗 R_x に対して(10−2)式の関係を満たす P，Q，R を探すためには，P/Q を粗く変え，R を細かく変えればよい。図10−3の P. O. 箱では P および Q はそれぞれ 1000Ω，100Ω，10Ω の3個の抵抗からなり，P/Q を100，10，1，0.1，0.01の5段階に変えることができる。R は1Ωから4000Ωまでの 16 個の抵抗からなり，1Ω から 11110Ω まで 1Ωきざみに変えられる。図10-3 の∞とかいた孔には抵抗ボビンが入っていないので，その栓をぬくと R が無限大になる。

実際の実験に用いるホイートストン・ブリッジでは，抵抗ボビンを出し入れする代わりに，ダイヤルを回転することによって，抵抗ボビンを出し入れによるのと同様に抵抗値を変化させることができる。

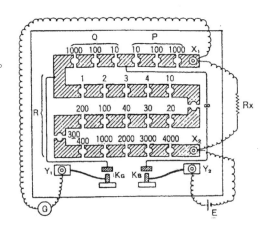

図10−3　実際のホイートストン・ブリッジ

（2）　実験の手順

　　長さを変えて金属線の抵抗をそれぞれ測定する。ここで用いる P．O．箱には，検流計および電池 E は内蔵されている。そこで，まず，金属線（R_X）を P．O．箱に接続する。P，Q，R を調整し，検流計の振れを見るためにスイッチ K_B を閉じてからスイッチ K_G を短時間閉じる。スイッチ K_B，K_G を長時間閉じてはならない。検流計の振れの方向を確かめるだけでよい。

　　次に具体的な操作例を示す。

①　P，Q の栓のうち，1000Ω の栓を抜いて $P = Q = 1000Ω$ とする。

②　R の栓のうち，∞ の栓を抜いて K_B を押し，ついで K_G を軽く押して検流計の振れの方向を見る。次に，$R = ∞$ の栓を戻し，代わりに 1Ω の栓を抜いて，同様の操作をする。1Ω と ∞ で検流計の振れ方向が異なれば，求める抵抗 R_X は 1Ω と ∞ の間にあることを意味する。

③　そこで，1Ω の栓を戻し 2Ω の栓を抜き，検流計の振れを見る。振れの方向が 1Ω の時と同じであれば，R_X は 2Ω より大きいことになるので，R の値を漸次増やしていき，振れの方向が逆転するまで，この操作を繰り返す。検流計の振れが逆転したとき，たとえば $R = 6Ω$ と $R = 7Ω$ とで検流計の振れの方向が変わったとき，求める抵抗 R_X は 6Ω と 7Ω の間にある。

④　次に，R の値をさらに詳しく求めるために，$P = 100Ω, Q = 1000Ω$ とし，③と同様に検流計の振れの方向が変わる R の値を探す。③の例の場合，この R の値は 60Ω と 70Ω の間であることが予想されるので，この範囲で探す。もし，$R = 63Ω$ と $R = 64Ω$ とで検流計の振れの方向が変わったとすれば，R_X は 6.3Ω と 6.4Ω の間の値である。

⑤　さらに，$P = 10Ω, Q = 1000Ω$ として，④と同様の操作を行い，もう一桁詳しい R_X の値を求める。

⑥　⑤の操作において，検流計の振れ方向が変わるときの R_X の値と検流計の振れから，内挿法を用いて最終的な R_X の値を決める（4．測定データ（1）の例を参照）。

以上の操作により，ある長さについて金属線の抵抗 R_X を決定する。金属線の長さを変えて，4 回以上測定を行う。

　　金属線の断面の直径は，それぞれの金属線について少なくとも 3 箇所，計 12 回測定しておく。

（3）測定を行う金属線

　　次の４種類の金属線についてそれぞれ上記の計測を行いなさい。

　　　ニクロム線（太）

　　　ニクロム線（細）

　　　鉄クロム線（太）

　　　鉄クロム線（細）

［予習課題１］

　　②において $P = Q$ のとき， $R > R_X$ であれば，図１０－１の検流計には（スイッチを閉じたとき），B→A の方向に電流が流れ， $R < R_X$ であれば，その逆である。なぜか考えてみなさい。

ヒント　スイッチを閉じる前の A 点と B 点の電位を求めなさい。A 点の電位は、$I_A R_x$ であるが、$I_A(P+R_x) = V$ であることに注意しなさい。

［予習課題２］

　　③および④の例で説明しているように，検流計の振れがなくなるとき，$P = Q = 1000\,\Omega$ の場合は $R = R_X$ であるが，$P = 100\,\Omega$，$Q = 1000\,\Omega$ の場合は $R = 10R_X$ である。式 $(10-2)$ よりこのことを説明しなさい。

４．測定データ

（1）　長さ 80.00cm のニクロム線の抵抗 R_X の測定例

　　$R_x = 6.39\,\Omega$ のときに検流計の振れ d = +0.01， $R_x = 6.40\,\Omega$ のときに検流計の振れ d = -0.02 だとすると，内挿法から

$$R_x = 6.39 + (6.40 - 6.39) \times \frac{0.01}{0.01 + 0.02} = 6.393 \ (\Omega)$$

（2）　測定データ（例）

ニクロム線の長さ (cm)	抵抗値（Ω）
80.00	6.393
160.20	12.685
240.20	18.795
320.35	25.274

断面の直径の平均値

　　0.4266 （mm）

（レポートには 12 回の測定値すべてを記入する）

5．データの処理と結果

金属線の長さを横軸に，抵抗値を縦軸にグラフを描き，最小二乗法により傾きを求める。(10－3)式より， 傾き ＝ ρ / S の関係にあるので、これより，抵抗率 ρ を求める（断面積 s は，断面の直径の平均値より求める）。計算の過程で，傾きおよび s の単位に注意する。また有効数字を考慮して，最終的な ρ の値を求める。

6．考察

（1）断面の直径の測定に起因する抵抗率 ρ の誤差を計算してみよ（まず，断面の直径の平均2乗誤差を求め，それを用いて「間接測定における誤差」から抵抗率 ρ の誤差を計算する）。

（2）測定に用いた4種類の金属線の抵抗率を相互に、また、理科年表等の値と比較して得られた金属線の抵抗率について議論せよ。

（3）他の物質の抵抗率を調べてみよ。電線の材料として銅が使われるのはなぜか。

（4）ある金属線や抵抗素子の抵抗の値を調べるとき、図10－4のように、回路に流れる電流と電圧を計測し、オームの法則を用いて抵抗の値を求めることが考えられる。この方法よりも、ホイートストン・ブリッジを用いた方が、正確な抵抗の値が求められる理由について考察せよ。

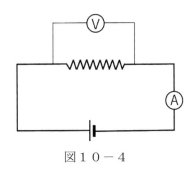

図10－4

11. ディジタル IC 論理回路

1．はじめに

現代の情報社会において、コンピュータは広く用いられ、不可欠なものとなっている。複雑に見えるコンピュータであるが基本機能は加減乗除などの演算と条件判断の二つに集約される。ここでは、その簡単な原理を、実験を通して学ぶ。

2．目的

ディジタル IC（Integrated Circuit）を用いてディジタル論理回路の基本を理解する。

3．理論

3－1．基本論理演算

（1）AND（論理積）回路

図11－1に示す回路では、二つのスイッチが共に閉じていると豆電球は点灯するが、スイッチが一つでも開いていれば豆電球は点灯しない。スイッチ A（SW_A）とスイッチ B（SW_B）および豆電球の状態のお互いの関係についてまとめると表11－1aのようになる。

ここで、スイッチ A、スイッチ B および豆電球の状態をそれぞれ変数 A、B および f を用いて表す。スイッチが閉じていることを $A＝1$、$B＝1$、スイッチが開いていることをそれぞれ $A＝0$、$B＝0$ と表し、豆電球が点灯している状態を $f＝1$、消灯している状態を $f＝0$ と表すと、A, B, f の関係は表11－1bのようになる。

ここで、「$A＝1$」は、「スイッチ A が閉じているか」という命題に対して"真"（true）であることを、「$A＝0$」は"偽"（false）であることを表す。また豆電球において「$f＝1$」は「豆電球が点灯しているか」という命題に対して"真"であること、「$f＝0$」は"偽"（false）であることを表す。ここで、"0"および"1"は

スイッチ A	スイッチ B	電球
開	開	消灯
開	閉	消灯
閉	開	消灯
閉	閉	点灯

表11－1a　AND 回路の動作

A	B	f
0	0	0
0	1	0
1	0	0
1	1	1

表11－1b AND 回路の真理値表

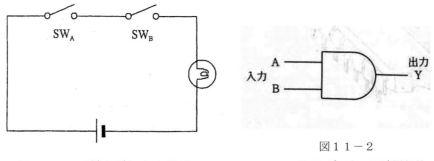

図１１－１　電気回路による AND

図１１－２
AND ゲートの回路図記号

数値でなく、"真"または"偽"の二つの値しかもたない論理値であり、変数 A、B、f は論理変数(logical variable) と呼ばれる。表１１－１bのような表は、"真"か"偽"かの論理関係を表すものであるから、真理値表と呼ばれる。

　表１１－１bの A, B および f については、数値同士のかけ算　$0 \cdot 0 = 0$、$0 \cdot 1 = 0$、$1 \cdot 0 = 0$、$1 \cdot 1 = 1$ から、$A \cdot B = f$（積）の関係にあることがわかる。このことから、「関数 f は変数 A および B の論理積で表される」と表現する。そしてこの関係を

$$f = A \cdot B$$

という論理式で表す。「$A = 1$ かつ（and）$B = 1$ ならば $f = 1$ である」から論理積をとる機能を AND 機能と呼ぶ。また、これを実現する回路を AND 回路、この機能をもつ素子を AND ゲートと呼ぶ。このような機能をもった回路素子を図11－2の回路図記号で表す。

　AND ゲート素子に図１１－１のような回路が入っているわけではない、表11－1bのような機能をもつ回路をこのように呼ぶのである。

（2）OR（論理和）回路
　図１１－３に示す回路では、二つのスイッチのうちどちらか一つでも閉じていれば豆電球は点灯する。このことを、上記と同様、A, B, f を用いて表すと、表１１－２のようになる。そして、この関係を「関数 f は変数 A および B の論理和で表される」と表現し、

$$f = A + B$$

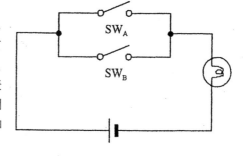

図１１－３　電気回路による OR

A	B	f
0	0	0
0	1	1
1	0	1
1	1	1

表11-2　OR の真理値表

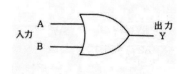

図11-4　OR の回路図記号

A	f
1	0
0	1

表11-3
NOT の真理値表

という論理式で表す。「$A=1$ または（or）$B=$ 1 ならば $f=1$ である」から論理和をとる機能を OR 機能といい、これを実現する回路を OR 回路、この機能をもつ素子を OR ゲートと呼ぶ。このような機能をもった回路素子を図 11-4 の回路図記号で表す。

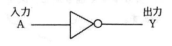

図11-5
NOT ゲートの回路図記号

　論理和については、$0+0=0$、$0+1=1$、$1+0=1$ であることから、この関係はたし算と類似している。しかし、$1+1=1$　となることに注意しなさい。前述のように、論理変数および論理変数に積や和の演算を行った結果は0あるいは1のいずれかになり、それ以外の値をとることはない。

（3）否定（NOT）

　前記の AND 及び OR を、入力 A, B に対する出力 f とみることもできる。否定（NOT）は、1つの入力 A に対して、$A=0$ ならば $f=1$、$A=1$ ならば $f=0$ となるような出力になるものである。これを否定または NOT 論理といい、この関係を論理式を用いて

$$f = \overline{A}$$

と表す。NOT の真理値表を表11-3に、NOT 機能をもつ回路素子を図11-5の回路図記号で表す。

3-2いろいろな論理演算

（1）NAND（not-AND）回路

　NAND は AND の否定であり、その機能は表11-4の真理値表で表される。これを表11-1bと比べてみれば、同じ A, B の値の組に対して、f の値の0と1が逆転していることがわかる。この関係を論理式で表せば

A	B	f
0	0	1
0	1	1
1	0	1
1	1	0

表11-4　NANDの真理値表

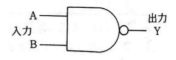

図11-6　NANDゲートの回路図記号

$$f = \overline{A \cdot B} \qquad\qquad (11-1)$$

となる。回路図記号は、図11-6に示すとおりである。

　また、(11-1)式はド・モルガンの定理を用いて

$$f = \overline{A} + \overline{B} \qquad\qquad (11-2)$$

と論理和の形に変換される。

　論理演算はAND, OR及びNOTを組み合わせて行われるが、NANDおよび後述のNORは単独で全ての論理演算を行うことができる。したがって、NANDあるいはNORのいずれか一種類を基本素子として用いているコンピュータもある。

（2）NOR（not-OR）回路

　NORはORの否定であり、その機能は表11-5の真理値表で表される。これを表11-2と比べてみれば、同じA、Bの値の組に対して、fの値の0と1が逆転していることがわかる。この関係を論理式を用いて表せば

$$f = \overline{A + B} \qquad\qquad (11-3)$$

となる。回路図記号は、図11-7に示すとおりである。

　また、(11-3)式はド・モルガンの定理を用いて

$$f = \overline{A} \cdot \overline{B} \qquad\qquad (11-4)$$

と論理積の形に変換される。

A	B	f
0	0	1
0	1	0
1	0	0
1	1	0

表11-5　NORの真理値表

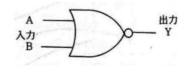

図11-7　NORゲートの回路図記号

A	B	f
0	0	0
0	1	1
1	0	1
1	1	0

表１１－６　XOR の真理値表

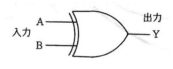

図１１－８　XOR ゲートの回路図記号

（３）排他的論理和（exclusive-OR、XOR）回路

$A＝B$ のとき $f＝0$ 、$A≠B$ のとき $f＝1$ となる論理回路を XOR という。真理値表は表１１－６に示すようになる。この関係を論理式を用いて表せば

$$f = A \oplus B \equiv A \cdot \overline{B} + \overline{A} \cdot B \qquad (11-5)$$

となる。XOR は、２進数１桁の加算におけるその桁の数（桁上がりを除いた数）を求める演算に用いられる（後述の加算回路参照）。

XOR の回路図記号を図１１－８に示す。

３－３加算回路

コンピュータでは、加算器が基本となる。減算は負の数の加算で表すこともでき、乗算は一桁ごとに加算を繰り返すことによって、除算は一桁ごとに減算を繰り返すことによって、筆算の場合と同様に計算できるからである。

（１）２進数

われわれの日常生活においては 10 進法を用いるのに対し、コンピュータにおいては２進数が用いられる。２進数では、"0"と"1"の二つの数のみを用い、２になったら、桁が上がる。電気回路では電圧の高低により"0"と"1"を判別するため、コンピュータにおいても２進法を用いる方が都合がよい。

10 進数で 1965 は

$$1965 = 1 \times 10^3 + 9 \times 10^2 + 6 \times 10^1 + 5 \times 10^0$$

と表される。すなわち、$10^3, 10^2, 10^1, 10^0$ のそれぞれの桁の数を並べて数を表現している。２進数の場合も同様に考えればよい。例えば、２進数で $(1010)_2$ は

$$(1010)_2 = 1 \times 2^3 + 0 \times 2^2 + 1 \times 2^1 + 0 \times 2^0 = 8 + 0 + 2 + 0 = 10$$

となり、$(1010)_2$ は 10 進法では 10 を表していることになる。

ここでは整数のみを扱ったが、10 進数と同様に、２進数でも小数を表すことができ、また四則演算も行うことができる。

X	Y	C	S
0	0	0	0
0	1	0	1
1	0	0	1
1	1	1	0

表１１－７　半加算器の真理値表

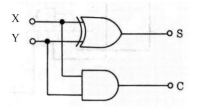

図１１－９　半加算器の論理回路

（２）半加算器（HA；half adder）

　二つの１桁の２進数に対して加算を行う回路を半加算器という。この加算においては、0＋0＝0、0＋1＝1、1＋0＝1、1＋1＝10 の４つの加算の演算が実現できればよい。ここで、10 が実現できるために桁上がりを表現できる工夫、すなわち桁上がりを表す出力を別に設ける必要がある。今、入力する二つの数に対応する入力端子をそれぞれ X、Y とし、１桁目の加算結果を表す出力端子を S、２桁目への桁上がりを表す出力端子を C とすれば、表１１－７に示す真理値表を表現できる回路を組めばよいことがわかる。すなわち、S と C を別々の論理回路を用いて表現できればよい。これを表現する論理回路として、S については XOR、C については AND を用いればよい。論理式を用いて表せば

$$S = X \oplus Y \qquad\qquad (11-6)$$
$$C = X \cdot Y \qquad\qquad (11-7)$$

となる。このような機能をもつ論理回路を図１１－９に示す。

（３）全加算器（FA；full adder）

　半加算器では、下の桁からの桁上がりについては考えていなかった。しかし、実際に n 桁目の加算を行う場合、その桁の二つの入力 X_n、Y_n のほかに下の桁（n－１桁）からの桁上がりについて考え、次の桁への桁上がりを考える必要がある。これを実現した回路を全加算器という。

　その桁の和 S_n は、その桁の入力 X_n、Y_n のほかに下の桁（n－１桁）からの桁上がり C_n を加算すればよいので、

$$S_n = X_n + Y_n + C_n \qquad\qquad (11-8)$$

となる。一方、次の桁への桁上がり C_{n+1} は、X_n, Y_n, C_n の３つのうち少なくとも２つが１であるときに１となるので、

$$C_{n+1} = X_n \cdot Y_n + Y_n \cdot C_n + X_n \cdot C_n = X_n \cdot Y_n + (X_n + Y_n) \cdot C_n \quad (11-9)$$

となる。以上、3つの入力、X_n, Y_n, C_n に対する2つの出力、S_n, C_{n+1} の真理値表は表11−8に示すようになる。

　実際の全加算器においては、2つの半加算器を用いて、次のように前記の計算を実現する。2つの半加算器の出力をそれぞれ S_1, C_1, S_2, C_2 とすると、

$$S_1 = X_n + Y_n$$
$$C_1 = X_n \cdot Y_n$$
$$S_2 = S_1 + C_n$$
$$C_2 = S_1 \cdot C_n = (X_n + Y_n) \cdot C_n$$

として、

$$S_n = S_2$$
$$C_{n+1} = C_1 + C_2 \qquad\qquad (11-10)$$

とすれば、上記の（11−8）式と（11−9）式を満たすので、全加算器ができたことになる。実際に全加算器を作る時、（11−10）式は

$$C_{n+1} = C_1 \oplus C_2$$

として差し支えない。回路図を図11−10に示す。

C_n	X_n	Y_n	S_n	C_{n+1}
0	0	0	0	0
0	0	1	1	0
0	1	0	1	0
0	1	1	0	1
1	0	0	1	0
1	0	1	0	1
1	1	0	0	1
1	1	1	1	1

表11−8　全加算器の真理値表

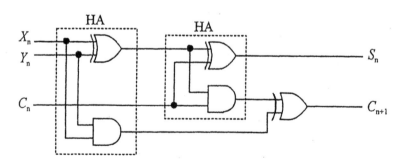

図11−10　全加算器の回路図

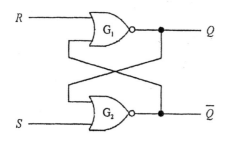

図１１－１１　RS フリップ・フロップ回路

図１１－１２　RS フリップ・
フロップの回路図記号

３－４フリップフロップ（FF；flip-flop）

　コンピュータでは、演算結果やデータを保存（記憶）する機能が必要である。現在の入力情報をある時刻以降保持できる素子を記憶素子という。フリップ・フロップは０または１の２値情報を記憶することのできる記憶素子の総称で、カウンタ（counter）やレジスタ（register）などの多数のディジタル回路の構成要素となる。いくつかの種類のフリップ・フロップがあるが、ここでは RS フリップ・フロップについて述べる。

　RS フリップ・フロップは全てのフリップ・フロップを構成するための基本となる回路で、RS ラッチ（latch）とも呼ばれる。図１１－１１に NOR ゲートによる RS フリップ・フロップの論理回路図を、図１１－１２に回路図記号を示す。R はリセット（reset）入力、S はセット（set）入力という。また、出力 Q を正出力、$\overline{Q}$ を補助出力という。

（１）セットとリセット

　$S＝1$ および $R＝0$ のとき G_2 の NOR ゲートの出力 Q は、もう１つの入力に関係なく０となる。したがって、G_1 の NOR ゲートの入力は２つとも０となり、出力 Q は１となる。これをセットという。一方、$S＝0$ および $R＝1$ のとき G_1 の NOR ゲートの出力 Q は、もう一つの入力に関係なく０となり、G_2 に NOR ゲートの入力は二つとも０となるので、出力 Q は１となる。すなわち、セットの場合と逆の動作が行われ、これをリセットという。

R	S	Q_{t+1}	$\overline{Q_{t+1}}$	動作
0	0	Q_t	$\overline{Q_t}$	記憶保持
0	1	1	0	セット
1	0	0	1	リセット
1	1	0	0	入力禁止

表１１－９　RS フリップ・フロップの入出力特性

95

（2）記憶保持

　$R=S=0$ のときは、この入力以前の Q の論理値がそのまま保存される。すなわち、セット入力した後に $R=S=0$ を入力すれば、G_2 の NOR ゲートの出力 Q は 0 となり、G_1 の NOR ゲートの入力は二つとも 0 となるので、出力 Q は 1 のままである。同様に、リセット入力した後に $R=S=0$ を入力しても出力 Q は 0 のままである。このように RS フリップ・フロップは、記憶素子として働き、出力は現在の入力のみでは決まらず、過去の入力に依存する。

　$R=S=1$ のときは、出力値が 0 あるいは 1 のいずれになるか確定しないので、RS フリップ・フロップにおいて、この入力は使用を禁止されている。

　表 11−9 に RS フリップ・フロップの入出力特性を示す。この表において、Q_t は現在の出力状態を示し、Q_{t+1} は次の出力状態を示す。すなわち、Q_{t+1} は R、S および Q_t の状態によりきまる。RS フリップ・フロップの入出力特性を次の Q（すなわち Q_{t+1}）の出力値が 1 となる条件で論理式で表すと

$$Q_{t+1} = S + \overline{R} \cdot Q_t$$

となる。

4．ブール代数系の基本公式

　以下に、論理演算の基本となるブール代数系の基本公式をあげておく。

（1）$A+0=A$ 　　　　　　　　　　　$A \cdot 0 = 0$

（2）$A+1=1$ 　　　　　　　　　　　$A \cdot 1 = A$

（3）$A+\overline{A}=1$ 　　　　　　　　　　$A \cdot \overline{A} = 0$ 　　　　　　（補元則）

（4）$A+A=A$ 　　　　　　　　　　　$A \cdot A = A$ 　　　　　　（べき等則）

（5）$A+B=B+A$ 　　　　　　　　　$A \cdot B = B \cdot A$ 　　　　　（交換則）

（6）$(A+B)+C=A+(B+C)$ 　　　$(A \cdot B) \cdot C = A \cdot (B \cdot C)$ 　　（結合則）

（7）$A+(B \cdot C)=(A+B) \cdot (A+C)$

　　　$A \cdot (B+C)=A \cdot B+A \cdot C$ 　　　　　　　　　　（分配則）

（8）$A+(A \cdot B)=A$ 　　　　　　　$A \cdot (A+B)=A$ 　　　（吸収則）

（9）$\overline{(\overline{A})}=A$ 　　　　　　　　　　　　　　　　　　　（対合則）

（10）$\overline{A+B}=\overline{A} \cdot \overline{B}$ 　　　　　　　　　$\overline{A \cdot B}=\overline{A}+\overline{B}$ 　　（ド・モルガンの定理）

5．実験器具と実験上の注意

　サンハヤト製 IC トレーナーCT-311S を用いる。これは図 11-13 に示すブレッドボードと付属品からなる。IC や回路部品を取り付ける穴が多数あいており、任意の論理回路を組むことができる。ブレッドボードの裏側の配線を参考のために図 11-14 に示す。

　実験には各論理 IC を使用するが、これらの IC には上下各 7 本、合計 14 本の足が出ている。上左端の端子（例えば図 11-15 AND 回路の 14 番+Vcc）には必ず+5V の電圧を与え、下右端の端子（例えば図 11-15 AND 回路の 7 番 GND）は接地しておかなければならない。このための配線はすでにブレッドボード上になされている（カードケース参照）ので、外したり、勝手に配線を変更したりしないこと。カードケースの図に示されている配線になっていない場合には、指導者に申し出ること。下半分のブレッドボード上で各論理 IC は、左端を 14, 24, 34, 44 列にして E 列と F 列をまたぐように差し込む（右端が 20, 30, 40, 50 列）ことで動作する（図 11-13 参照）。各 IC は上下を逆にしないこと。発熱して危険である。

　各数の列の端子の A から E、F から J はブレッドボード裏側で接続されている（図 11-14）。出力やスイッチからの入力を 2 つに分ける必要があるときにはこれを利用して分けること。1 つの穴に 2 つの線は入らない。

　各 IC には 1 つまたは 2 つの入力端子がある。入力端子には必ず、スイッチから、あるいは他の端子からの出力を接続すること。入力するべき端子が空いていては正常に動作しない。スイッチから入力へ、出力からランプへ、というルールを守ること。

　スイッチとランプはブレッドボード下側に配置されている。3 つ穴のあるそれぞれの端子の穴は上がランプ、中がスイッチの端子の穴となっている。それぞれは全く独立に機能する別のものであることに注意すること。L0 と S0 とは全く関係がない。混乱を避けるため、スイッチとして S6-S3、ランプとして L2-L0 を使用することを勧める。

6．実験課題

6－1 ゲート回路の実験

　各論理 IC を用いて、次の各論理回路を作成し、それぞれの回路における入出力結果を真理値表にまとめなさい。

回路	使用する IC	回路	使用する IC
AND	74HC08	NAND	74HC00
OR	74HC32	NOR	74HC02
NOT	74HC04	XOR	74HC86

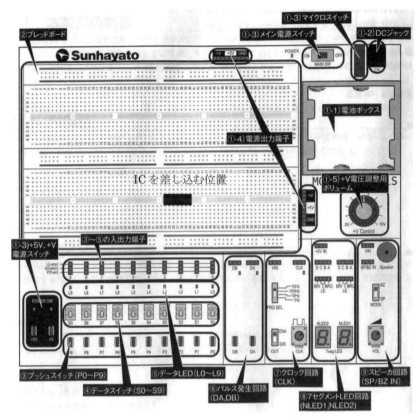

図 11-13 IC トレーナーCT-311S の構成

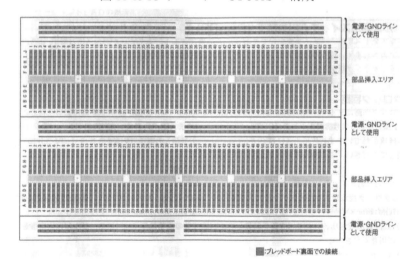

図 11-14 ブレッドボード裏側の配線

（1）AND 回路のピン配置は図 11-15 に示されている。実験回路図は図 11-16 となる。実際の配線図は図 11-17 を参照して実験を行いなさい。

（2）OR 回路のピン配置は図 11-18 に示されている。実験回路図 11-19 を参照し、実際の配線（図を省略している）を考えて実験を行いなさい。

（3）NOT 回路のピン配置は図 11-20 に示されている。入力が１つしかないことに注意して（使用するスイッチは１個のみ）どのように配線すればよいかを考えて、実験を行いなさい。

（4）残りの回路のピン配置は、図 11-21, 11-22, 11-23 の通りである。どのように配線すればよいかを考えて、実験を行いなさい。

６−２組み合わせゲート回路の実験−１　ド・モルガンの定理

次のようにしてド・モルガンの定理を確かめなさい。

（1）$\overline{A+B} = \overline{A} \cdot \overline{B}$ を確かめるためには、図 11-24 に示された２つの回路の真理値表が一致すればよい。左側は６−１で実験済みである。右側についての実験回路図は、図 11-25 のようになる。この回路を配線して実験を行いなさい。

（2）$\overline{A \cdot B} = \overline{A} + \overline{B}$ を確かめるための、上記図 11-24, 11-25 に対応する図を作成し、実験を行いなさい。

６−３組み合わせゲート回路の実験−２

NAND ゲート IC のみを用いて、NOT, AND, OR 回路を次のようにして作成し、真理値表が６−１の実験結果と一致することを確かめなさい。

（1）図 11-26 のように配線すれば、NOT 回路ができる。ここで、入力 A を２つに分ける必要があるが、これはブレッドボード上で２つの端子を接続することで可能である。つまり、例えばスイッチから端子 24A につなぎ、ここで、端子 24B と 25B をつなげばよい。(A-E は裏側で接続されている)

（2）$C = \overline{A \cdot B}$ とすれば、（1）を用いると、図 11-27 のように配線すれば、NAND ゲートのみを用いて、AND をつくることができる。

（3）OR 回路は次のようにして作成する。ド・モルガンの定理を用いれば、

$$\overline{\overline{A} \cdot \overline{B}} = \overline{\overline{A+B}} = A+B$$

が成り立つ。この式を用いて OR をつくるには、（1）を用いて

$C = \overline{A}$, $D = \overline{B}$ をつくり、次いで $\overline{C \cdot D}$ を作ればよい。

（4）それぞれが、NOT, AND, OR 回路となる理由を式を用いて考察しなさい。

6－4 応用回路の実験

　半加算回路の実験回路図（図11-28）を参照し、実際に回路を作成してその入出力結果を表にまとめなさい。

　この回路で加算の演算ができる理由を考察しなさい。

7．発展課題

　次の課題のうち2課題以上を選択して取り組みなさい。

7－1 ブール代数系の基本公式を用いて、それぞれ一方のド・モルガンの定理から出発して他方のド・モルガンの定理を証明しなさい。

7－2 NOR ゲート IC のみを用いて AND, OR, NOT 回路を作成し、入出力結果を表にまとめなさい。それぞれの回路が AND, OR, NOT 回路として 動作する理由を考察しなさい。

7－3 全加算器の回路を作成し、入出力結果を表にまとめなさい。

7－4 2桁の2進数2つを加算する回路図を作成しなさい。（1つの2進数の1桁目 X_1、2桁目 X_2、他方の2進数の1桁目 Y_1、2桁目 Y_2）

7－5 RS フリップ・フロップ回路（図11-29, 図11-30）を作成し、入出力特性を表にまとめなさい。動作特性から、メモリの機能を持つことを説明しなさい。

参考文献
清水賢資、曽和将容：　ディジタル回路の考え方　オーム社
吉田典可　他：　電子回路II　朝倉書店
美咲隆吉　他：　基礎電子計算機　学献社
松田・伊原：　図解　ディジタル IC 回路の基礎　技術評論社

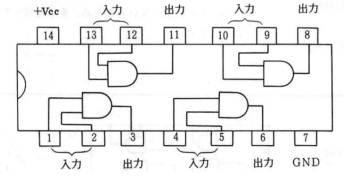

図 11-15　74HC08 のピン配置

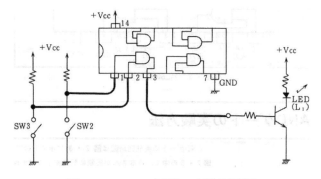

図 11-15　AND 回路の実験回路図

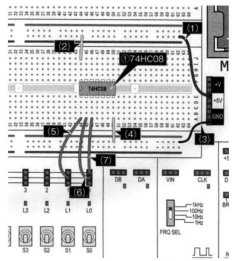

図 11-17　AND 回路の実態配線図　(1)-(4)はすでに配線済、(5)(6)については、
図にある S0-S1 でなく、S3-S4 等を使用すること勧める

101

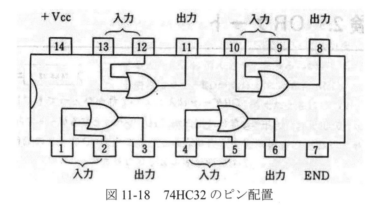

図 11-18　74HC32 のピン配置

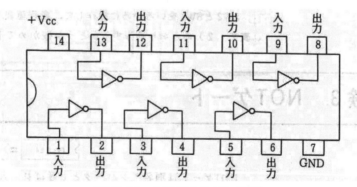

図 11-19　OR 回路の実験回路図

図 11-20　74HC04 のピン配置

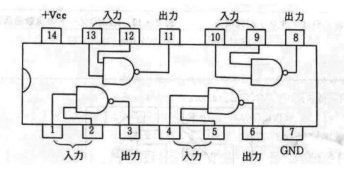

図 11-21　74HC00 のピン配置

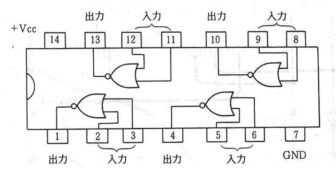

図 11-22　74HC02 のピン配置

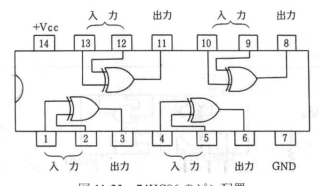

図 11-23　74HC86 のピン配置

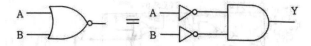

図 11-24 NOR についてのド・モルガンの定理

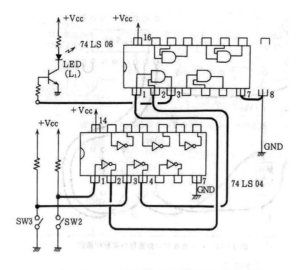

図 11-25 ド・モルガンの
定理を確認するため
の実験回路図

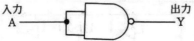

図 11-26 NAND 回路で NOT
を作る方法

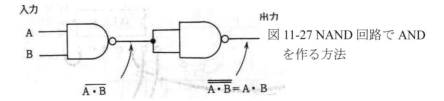

図 11-27 NAND 回路で AND
を作る方法

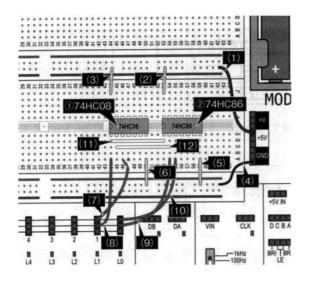

図 11-28 半加算回路の
実験回路図

104

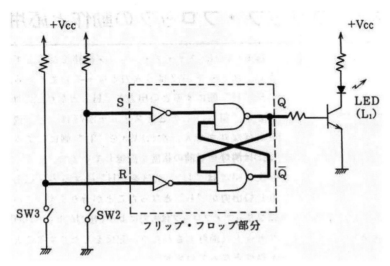

図 11-29　RS フリップ・フロップ回路

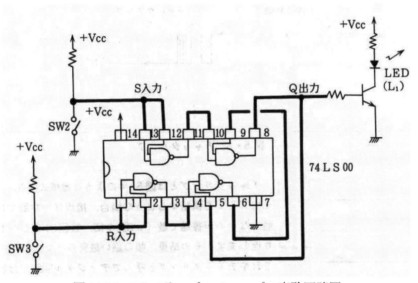

図 11-29　RS フリップ・フロップの実験回路図

105

12. 電子の比電荷の測定

１．目的
　一様な磁場中を運動する荷電粒子がローレンツ力を受けることを利用して、電子の比電荷（specific charge, e/m）を測定する。

２．原理
　ヘリウムなどのガスを減圧して封入した放電管内では、陰極線（電子）は蛍光を発し、目視観察できる。これを磁界中に置くと、陰極線すなわち電子流の軌道が曲げられることから電子の電荷と静止質量の比（比電荷, e/m）を実験的に求めることができる。

　磁束密度 B の均一な磁界中に電荷 e が速度 v で、磁界に直角の方向で進入すると、電荷はその瞬間の運動方向と磁界の方向の両者に垂直の方向の力 F を受ける。この力がいわゆる、ローレンツの力で、

$$F = evB \qquad\qquad (12-1)$$

で表される。

　電子が図 12-1のように磁界に垂直な平面内で運動する場合、その軌道は半径 r の円になる。質量をmとすると、円運動の運動方程式は、

$$F = \frac{mv^2}{r}$$

であるから、（12-1）式を代入して、

$$evB = \frac{mv^2}{r}$$

これを整理して

$$\frac{e}{m} = \frac{v}{Br} \qquad (12-2)$$

が成り立つ。

　また、電子銃から出る電子の速度は、電子銃の加速電圧を V として、

$$eV = \frac{1}{2}mv^2 \qquad (12-3)$$

であるから、（12-2）（12-3）よりvを消去

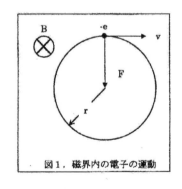

図1．磁界内の電子の運動

図 12-1
　磁界内の電子の運動

106

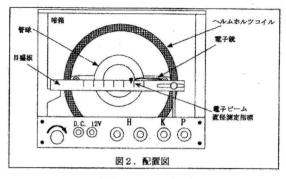

図2．配置図

図12－2　配電図

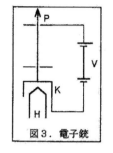

図3．電子銃

図12－3　電子銃

して、

$$\frac{e}{m} = \frac{2V}{B^2 r^2} \qquad\qquad (12-4)$$

を得る。電子の加速電圧 V, 磁束密度 B, 電子銃の軌道半径 r を知ることができれば、比電荷を求められる。

３．実験に必要な器具
　　直流安定化電源
　　直流電流計　5A
　　直流電圧計　300V
　　ヘルムホルツコイル付き管球

４．管球とヘルムホルツコイル（図12－2）
（1）管球の中には電子銃があり、プレートPとカソードK及びヒーターHから構成されている（図12－3）。ヒーターにより加熱され、Kから飛び出した電子は、PK間で加速されて矢印向きの電子流となる。管球内の希薄なヘリウムガスは電子の衝突により発光するため、電子の軌跡が目視できる。
（2）電子銃より飛び出した電子はヘルムホルツコイルによって作られる磁界により円軌道上を運動する。この軌道の直径を付属のスケールによって測定する。
（3）ヘルムホルツコイル（図12－4）は、同じ向きに巻いた2つのコイルから成り、その中心軸は共通で、コイルの半径の距離だけ離れておかれている。コイルの間の中心近くでは、かなり均質な磁界を作ることができる。中心における磁束密度Bの大きさは次の式で与えられる。

107

$$B = \left(\frac{4}{5}\right)^{\frac{3}{2}} \times \mu_0 \frac{nI}{R} \quad [\text{Wb/m}^2 = \text{T}] \qquad\qquad (12-5)$$

μ_0: 真空の透磁率

$\mu_0 = 4\pi \times 10^{-7}$ (H/m)

n: コイルの巻数

本装置では n = 130

I: コイルに流れる電流 （A）

R: コイルの半径 本装置では

R = 0.15 (m)

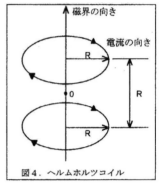

図4. ヘルムホルツコイル

[予習課題1]

（12-5）式にその下に示された数値を代入し、BとIの関係式を求めなさい。

図12-4 ヘルツホルツコイル

[予習課題2]

（12-4）式と予習課題1で得られた式から、比電荷（e/m）を、V, I, r のみを用いた式で表しなさい。

5．実験方法

（1）図12-5のように配線する。

（2）加速電圧可変つまみと直流安定化電源出力つまみは左に回して、出力を最小にしておく。

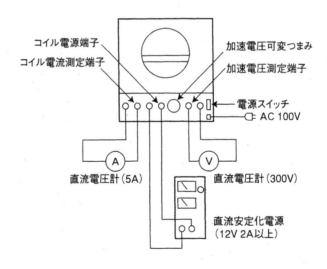

図12-5 配線図

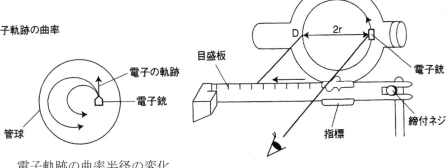

電子軌跡の曲率

電子の軌跡

電子銃

管球

電子軌跡の曲率半径の変化

管球

目盛板

D   2r

電子銃

締付ネジ

指標

図 12 - 7　電子軌跡の直径の測定

（3）電源スイッチを入れる。

（4）［測定1］加速電圧のつまみを 300V まで上げる。ここで、加速電圧を一定にしておき、コイルに流れる電流を 1.0A から、0.1A ごとに 2.0A まで変化させることによって磁束密度を変化させ、それに応じて変化する電子軌道の半径を測定しなさい。

（5）［測定2］次に磁界の大きさを一定にしておき（コイルに流れる電流を 1.2A で一定にする）、電子の加速電圧を変化させて、電子の速度を変化させ、それに応じて変化する電子軌道の半径を測定せよ。200V から 10V おきに 300V まで加速電圧を変化させて測定しなさい。

（注）電子軌道の直径の測定のしかた

フードをはずし、図12-7のようにして測定する。眼（片目のみを用いる）と指標、電子銃が一直線になるようにして目盛板を読む。次に指標を D の位置を読むように移動し、点 D と目盛板、眼が一直線になるように眼も移動させてあわせ、指標の位置を目盛板で読む。この読みの差が直径となる。

6．結果の整理と計算

（1）［測定1］で得られたデータを整理し、横軸に $\dfrac{1}{I^2}$　縦軸に r^2 をとって

グラフを作成する。そして、最小二乗法により傾きを求める。［予習課題2］で得られた式をさらに変形して、このグラフの傾きが何に相当するかを考え、比電荷の値を求めよ。

（2）［測定2］で得られたデータを整理し、横軸に V 、縦軸に r^2 をとって

グラフを作成する。そして、最小二乗法により傾きを求める。［予習課題２］で得られた式をさらに変形して、このグラフの傾きが何に相当するかを考え、比電荷の値を求めなさい。

7．考察
（１）理科年表などで比電荷の値を調べ、求められた２つの比電荷の値と比較しなさい。
（２）求められた比電荷の誤差を求めてみなさい。
（３）文献値とずれた原因としてどのようなことが考えられるか。
（４）比電荷の値はこのようにして比較的簡単に求められる。基本的な物理量である電子の電荷、質量をそれぞれ求めるにはどうしたらよいか（歴史的にどのようにして求められたか）。

13. オシロスコープの基礎実習

1. 目的
　オシロスコープの使い方に慣れ、方形波や正弦波形の振幅、周波数を測定できるようにする。

2. オシロスコープとは
　オシロスコープは、時間の経過と共に電気信号（電圧）が変化していく様子をリアルタイム（実時間）でディスプレイ画面上に描かせ、目では見えない速さで変化する電気信号の変化を観測するための測定器である。画面上の輝点（スポット）の移動の速さや振れ幅の大きさを測定して、間接的に電気信号の電圧の時間的変化を調べることができる。したがって、測定したい物理現象を電圧量に変換しさえすれば、温度、湿度、速度、圧力など、いろいろな現象の時間変化を知ることができる。メータ類（指針の動きで測定する機器）と大きく異なる点は、単にその電圧の平均的な値（実効値）を測るものではなく、電圧が時々変化していく様子をリアルタイムで観察でき、突発的に発生する現象も捉えることができる点である。一般的なオシロスコープの外観を図13-1に示す。

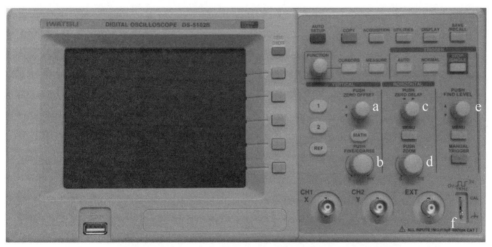

図13-1　オシロスコープ（デジタル）の外観

　最近では、ここに示すデジタルオシロスコープが使われるようになっている。これは、以前用いられていたCRT（ブラウン管）に波形を示す代わりに、液晶ディスプレイにデジタル化した波形を示すものである。表示している方式は異なるが、表示される波形は同じである。

3. ノブ（つまみ）とスイッチ類の説明　　（機種によってパネル上の配列が若干異なるが、本質的には同じ）

ノブやスイッチの名称	機　能
SCREEN（スクリーン）	波形が表示されるディスプレイ
POWER　（パワー）	電源スイッチ
VERTICAL（バーティカル）(a)	垂直位置調節ツマミ

	波形（輝線）を上下に平行移動させるツマミ
HORIZONTAL （ホリゾンタル）(c)	水平位置調節ツマミ
	波形の水平位置の調節（左右に平行移動させる）ツマミ
CH1 X （チャンネル1入力）	CH1信号を入力する端子
CH2 Y （チャンネル2入力）	CH2信号を入力する端子
	測定する信号を取り込む端子　（最大入力電圧：400Vp-p）
1	CH1の信号を表示する
2	CH2の信号を表示する
X-Y	X-Yモード機能をON/OFFする。CH1信号（x軸）とCH2信号（Y軸）を合成してリサージュ図形を描かせる。
VERTICAL （バーティカル）(b)	垂直感度の切替つまみ
	スクリーン面の1目盛あたりの電圧（VOLTS/DIV）を示す。入力信号電圧振幅に応じて、波形が観察し易いように選ぶ。
HORIZONTAL （ホリゾンタル）(d)	掃引時間の切替つまみ
	1目盛り掃引する時間を切り替えるスイッチ。この時間を長くすると、輝点が横方向にゆっくり移動するのがわかるが、波の周期（山から隣の山まで）の時間は読みにくい。掃引時間を短くしていくと、波形の横移動は見えず連続する静止波形になり、波の周期が読みとれるようになる。
PUSH FINE/COARSE	つまみを垂直感度、掃引時間とも微調整ができるようになる。
	逆に中途半端な値となるので、測定しにくくなる。本実験では使用しない。
CAL （キャリブレーション）	校正用電圧の出力端子
	プローブ校正用の信号が出力されている端子
	出力波形：方形波　　出力電圧：1Vp-p　　周波数：約1kHz
EXT （エキスターナル）	外部トリガの入力端子
	外部からのトリガ信号を入力するための端子
GND （グランド）(f)	アースの接続端子　他の機器との間で共通アースをとったり（等電位化する）、オシロ本体を接地（アース）するための端子。
TRIGGER （トリガ・レベル）(e)	トリガ・レベルの調節ツマミ
	左右（＋／−）に回すことで、掃引開始の電圧を調整する。
	押すと自動で適切なトリガ・レベルを設定してくれる。

4．オシロスコープの表示

　オシロスコープは、時間の経過と共に変化する電圧の様子をディスプレイにリアルタイム（実時間）で描かせる。ディスプレイ上に描かれた図の横軸は時間、縦軸が電圧である。

　横軸のスケールは TIME/DIV で、縦軸のスケールは V/DIV で表される。これは、ディスプレイ上の1めもり（格子状の線の目盛）が何秒、あるいは何 V に相当するかを表した数値である。

オシロスコープには専用のプローブ（図13-2）を接続する。プローブにはオレンジ色の倍率スイッチがある。×10 にすると、オシロスコープに入る電圧が 1/10 になる（電圧を読み取るときは 10 倍して計算する）。

[予習課題1]
（1）オシロスコープの横軸は全部で 12 目盛ある。TIME/DIV=100μs のとき、横軸の左端から右端までの時間はいくらになるか。
（2）オシロスコープの縦軸は全部で 8 目盛ある。V/DIV=500mV のとき、縦軸の上から下までの電圧の差はいくらになるか。

[予習課題2]
次の式であらわされる変動する電圧をオシロスコープで観察した。

$$V = V_0 sin(2\pi ft) \quad V_0 = 2.0 \ (V) \quad f = \ 2.5 \ (kHz)$$

この時、V/DIV=1.0 V, TIME/DIV=200 μs として観察される波形を図示しなさい。（オシロスコープの画面を想定して、そこに表示される波形を図示すること。）

5．実験手順
5－1使用機器
オシロスコープ：IWATSU DS-5102B
発振器 ：KENWOOD AG 203D

5－2発振器の準備（電源スイッチを入れないで行なうこと）
（1）発振器の電源コードを、机の横にあるコンセントにつなぐ。
（2）出力波形を正弦波にし、発振周波数を160(Hz)に設定する
・この発振器は正弦波と方形波とを出力できる。「WAVE FORM ボタン」を押して正弦波を選択する。
・プッシュボタンとの回転板（FREQUENCY）の目盛（目盛は等間隔でない）を適切に組み合せて発振周波数を設定する。プッシュボタンを x10，回転板の目盛を 16 にすれば 160(Hz)となる。
・この発振器は 10 Hz から 100x10 kHz (=10⁶Hz=1MHz) の正弦波と方形波を出力する。
（3）出力レベル（OUTPUT: 出力電圧）は最小にしておく。
・AMPLITUDE つまみ（出力調整つまみ）は左いっぱいに回しておく（出力電圧がゼロになる）。
（4）ATTENUATOR（減衰器）ダイヤルは、0 dB の位置
（注）*attenuate* は、「減じる」とか「弱める」という動詞。*Attenuator* は減衰させる装置（素子）の意味。

　　　　dB は 「decibel　（デシベルと読む）」の略語

デシベルについて

　電圧v_iの信号がある増幅器を通ってv_oになれば、増幅率はv_o / v_iである。この量の対数値の20倍、すなわち、

$$20\ log_{10}\left(v_o / v_i\right)$$

がdB単位で表した増幅率である。$v_o / v_i < 1$　（すなわち、出力が入力より小さい）の場合は、増幅でなく減衰である。

　例えば、ATTENUATORを「0dB」から「−40dB」にすれば、

$$20\ log_{10}\left(\frac{v_o}{v_i}\right) = -40 \rightarrow log_{10}\left(\frac{v_o}{v_i}\right) = -2 \rightarrow \frac{v_o}{v_i} = 10^{-2}$$

であるから、信号電圧は1/100に減衰することを意味する。

[予習課題3]

　ATTENUATORを「0dB」から「−30dB」にすれば、信号は何倍になるか。

[予習課題4]

　ある増幅器の増幅率が「60dB」とすれば、入力信号電圧は何倍になるか。

5−3　オシロスコープと発振器の接続

　デジタルオシロスコープは電源を入れないと、設定条件が表示されない。以前の設定で自動的に計測を始めてしまうので、どのような設定になっているかに注意すること。

　発振器の出力をプローブ（図13-2）を経由させて、オシロスコープのCH1入力端子につなぐ。このために、

（1）　オシロスコープのCH1入力端子にプローブのBNC端子側を差し込み、右へねじって固定させる。

（2）　発振器の出力端子にバナナ端子のついた導線を差し込み、反対側のむき出しの銅線をプローブ先端と接続する。プローブの先端は、少し下のつばの部分を下げることで開く。

（3）　プローブの横から出ている黒のミノ虫クリップを発振器のアースにつなぐ。

（4）　プローブのオレンジ色の倍率スイッチは「×1」にしておく。20Vを超える電圧を入力するときは「×10」にする。

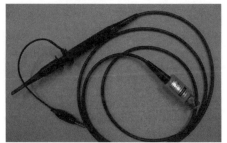

図13-2　オシロスコープ用プローブ

5－4実験方法

実験 1.　正弦波信号の周波数測定

（1）オシロスコープと発振器の電源スイッチ（プッシュボタン）を押す。電源が入る。再度押すと電源が切れる。電源が入れば画面にその旨が表示され、しばらくすると、オシロスコープの画面上に輝線が現れる。

　輝線の明るさは、FUNCTION つまみで調節する。

　VERTICAL で"1"を押して、緑に点灯させる。

　VERTICAL 上の可変つまみ（図 13-1 の a）を回して黄色の輝線が中央にくるように調節する。

　VERTICAL 下の可変つまみ（図 13-1 の b）を回して、ディスプレイの左下に CH1 100mV と表示
　　　されるようにする（これが「VOLT/DIV」 つまみ）。

　HORIZONTAL 下の可変つまみ（図 13-2 の d）を回して、ディスプレイの中央に Time 2ms と表
　　　示されるようにする（これが「TIME/DIV つまみ」）。

発振器の出力つまみ(amplitude)を右に回していけば、
　　　画面上に図 13-3 のような正弦波が現れる（はずで
　　　ある）。

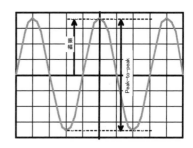

　正弦波が静止しない（多くの正弦波が重なって動いて
いる状態）場合は、「TRIGGER つまみ」を左右にゆっく
り回せば止まるはずである。注意深く観察すると、この
つまみの回転に応じて、正弦波形が画面上で左右に平行
移動する。どうしても静止しない場合はこのつまみを押
すと自動で適切なレベルに調整して静止した波形が現れ
る。

図 13-3　オシロスコープに観測され
　　　　る正弦波

（2）　　正弦波の山と谷の差 (peak-to-peak 値という)が、約 4〜7 目盛くらいになるように発振器
　　　の出力つまみ(amplitude)を調節せよ。

（3）観察した正弦波を次のグラフ用紙にトレース（忠実に写生）する。
　　　図の横に、　　　VOLT/DIV の設定値
　　　　　　　　　　　TIME/DIV の設定値
　　　　　　　　　　　probe 倍率
　　の値を書いておくこと。

（4）図から、正弦波のパルス電圧および、電圧振幅を求める。このためにまず、電圧の目盛の差
（DIV）を目盛の 1/10 まで読み取る。そしてこれを次のように電圧に換算して、V 単位で電圧を計
算する。

電圧振幅（V）は正弦波の振幅（DIV）×電圧感度（V/DIV）×プローブの倍率で与えられる。図13-3で電圧感度が $100\,(mV/DIV)$ でプローブの倍率が「x 1」なら、電圧振幅は

$$3.6\,(DIV)\times 0.1\,(V/DIV)\times 1 = 0.36\,(V)\quad \text{と計算できる。}$$

電圧振幅は、縦軸の山と谷の差（パルス電圧）の半分である。

（5）周波数を求めるために、周期をまず求める。正弦波の一波長（ある位置から次の同じ位置まで、すなわち近接するピーク間間隔）が何DIV（目盛）あるかを読む（小数第一位まで）。この数値に「TIME/DIV」の値を乗じれば周期 T が求められる、すなわち

$$T = 1\text{波長の長さ（DIV）}\times\ \text{掃引時間（TIME/DIV）}$$

である。周波数 f は周期の T の逆数で求められる。

図13-3では TIME/DIV の設定が 2ms で、山から山までの横軸の差が 4.1 DIV（目盛）あるから、

$$T\text{（周期）} = 4.1\,(DIV)\times 2\,(ms/DIV) = 8.2\,(ms)$$

$$\rightarrow\quad f\text{（発振周波数）} = \frac{1}{T} = \frac{1}{8.2\times 10^{-3}\,s} = 122\,(Hz)$$

と計算される。測定の有効数字が何桁か考えて記述すること（上記は正しくない）。

　（注意）測定値の精度は一波長の読取り精度で決まるので、一波長がなるべく画面いっぱいになるように TIME/DIV の設定値を選ぶ、数波長まとめて周期を読み取るなどの工夫をする。

　観察された正弦波の周期 T が何目盛（DIV）かを求める。目盛の 1/10 まで読むこと。これを時間に換算し、正弦波の周波数(Hz)を計算する。

　オシロスコープの横軸は時間、縦軸が電圧を示す。周期的な電圧の時間変化を表示する装置がオシロスコープである。横軸の1目盛が TIME/DIV の設定値の時間、縦軸の1目盛が VOLT/DIV の設定値の電圧になっている。

（6）発振器の周波数を変えて同様な測定を行い、次のような表1を完成させる（表は実験ノートに作成し、記入する。このテキストの表には書き込まないこと）。ここで、各周波数の測定に対して波形を記録する必要はない。求められた周波数は発振器の目盛板が示す周波数と一致するとは限らない。測定する周波数は、グループごとに指示する。

　グラフ用紙に、発振器の周波数を横軸、測定で求めた周波数を縦軸にプロットしなさい。

表 1　発振器の周波数測定

発振器の周波数(Hz)							
オシロの TIME/DIV							
1 波長の長さ (DIV)							
計算による周期 (s)							
計算による周波数(Hz)							

実験 2. 方形波の観察 (1)

（1）発振器の出力波形を正弦波から方形波に変える（プッシュボタン）。

（2）発振器の出力を、プローブを使ってオシロの CH1 に取り込む（プローブ倍率は x1）。

（3）発振器の周波数ダイヤルを約 1200Hz に設定する。

（4）画面の波形を見ながら、オシロの VOLT/DIV および TIME/DIV 切替つまみを選択する。

　画面上に現れる波形は、**理想的な方形波**（矩形波「くけいは」ともいう）でなく、方形波の立ち上がり部分や立ち下がり部分がだれていることがある。このような場合は、プローブのオシロスコープの入力端子側の側面にある微調整用のネジを、角度にして左右 15 度以内で回転させれば、中央に示すような理想的な方形波に（近い形に）することができる（小さなドライバーが必要なので、指導者に調整を頼むこと）。この調節操作をプローブの**容量補正**という。使うプローブが正しく調整されていれば、この操作は毎回行う必要はない。

（5）観察した方形波をグラフ用紙にトレース（忠実に写生）しなさい。

　　図の横に、　　　VOLT/DIV の設定値

　　　　　　　　　TIME/DIV の設定値

　　　　　　　　　probe 倍率

　の値を書いておくこと。

（6）図より、方形波のパルス電圧（山と谷の差）は何目盛（DIV）あるかを求める。目盛の 1/10 まで読むこと。これを電圧(V)に換算する。方形波には「電圧振幅」はない。「パルス電圧」が方形波の電圧である。

（7）図より、方形波の周期 T は何目盛（DIV）あるかを求める。目盛の 1/10 まで読むこと。これを時間(s)に換算する。周波数(Hz)を求める。

（注意）プローブの倍率について

　プローブには x1, x10 の切換えスイッチがある。x10 にすると、測定する信号電圧が 1/10 に減衰させられてオシロの入力端子に入る。（x1 なら、そのままの大きさの電圧信号が入る）。オシロスコープの VOLT/DIV の目盛は、オシロの入力端子に入った信号の電圧を測る目盛なので、実際の電圧はプローブの倍率（x1 か x10）を VOLT/DIV の値に乗ずることを忘れないこと。

　たとえば、x10 のプローブを使って、オシロの VOLT/DIV の設定が 50mV/DIV で、観察した波の

振幅が 2.5 DIV であれば、　　　　実際のパルス電圧（山と谷の差）は

$$2.5\ DIV \times 50\ (mV/DIV) \times 10 = 1.25\ V$$

となる。これがプローブを通る前のパルス電圧値となる。

[課題5]　プローブ倍率 x10 を用いると、今使っているオシロスコープでは最大何 V のパルス電圧まで測定できるか（画面上に表示できるか）。理由を付して答えよ。

　耐電圧の関係で入力できる最大電圧がある。これは入力端子の横に表示されている（例えば、300V pp max）。この許容電圧を超える電圧が入ると、オシロ内部の電子回路が破損することがある。

実験3　方形波の観察 (2)
　オシロスコープの CAL 端子にプローブをつなぐ。アースは内部でつながっているのでつながなくてよい。実験2と同様に方形波を観察し、グラフ用紙に波形をトレースする。同様に、方形波のパルス電圧、周期、周波数を求めなさい。

実験4　交流電源の電圧測定
　実験机の横に AC100V の電源コンセントがある（3P のコンセント）。この電源の電圧と周波数を次のようにして測定して求める。

[課題6]　課題 5 の計算結果を踏まえると、今から測定する交流電圧を観測するのに使うべきプローブ倍率はいくらかにすべきか。

　コンセントにプラグを差し込み、オシロのプローブをつなぐ。プローブをつないでから、コンセントのスイッチを入れること。配線の露出部には手を触れないように注意すること。画面に波が複数周期現れる設定にして波形を観察しなさい。

（1）グラフ用紙に、電源の電圧波形を正確（忠実）にトレースする。
　　　図の横に、　　　　　　　　VOLT/DIV の設定値
　　　　　　　　　　　　　　　　TIME/DIV の設定値
　　　　　　　　　　　　　　　　probe 倍率
の値を書いておくこと。

（注意）測定では、先入観をもたないこと。
　　　電圧は AC100V で周波数は 60Hz（関西）である。電圧は電力の使用状況によって時々刻々変動している[1]。特に安定した 100V 電圧が必要なときは、安定化電源装置を使用する。弱電機器では 100V±10%（90V～110V）。
　　　周波数は瞬時で 60.0±0.1Hz 以内、一時間当たりでは 60.00±0.01Hz、一ヶ月当たりでは 60.00000±0.00001Hz 以

---

[1] 日本国内の交流電源の周波数には、東日本の 50Hz と西日本の 60Hz の違いがある。これは明治時代に関東では東京電燈（現東京電力）が 50Hz 仕様のドイツ製発電機を、関西では大阪電燈（現関西電力）が 60Hz 仕様のアメリカ製発電機を採用し、これを中心として次第に東日本・西日本の周波数が統一されていったため。静岡県の富士川と新潟県の糸魚川を結ぶ線が境界とされ、東側が 50Hz、西側が 60Hz である。

内になるように自動制御されている。

（2）観測した波形から、オシロ上で読み取った値、設定値を用いて、交流電源の電圧の実効値と周波数を次のようにして求める。（テキストには書き込まないこと）。

正弦波の山から谷までの差 （　　　　　）DIV
　　⇒　パルス電圧　　　：計算　（　　　　　）V
　　⇒　正弦波の電圧振幅　：計算　（　　　　　）V　（パルス電圧の1/2）

電源の電圧の実効値

$$計算：\quad V_{eff} = \frac{\left(\,電圧振幅\,\right)V}{\sqrt{2}} = (\qquad)\ V$$

正弦波の一周期 ＝（　　　　）DIV×（　　　　）s/DIV ＝（　　　　）s

$$⇒\quad 電源の周波数\qquad 計算：\quad f = \frac{1}{(\quad)s} = (\qquad)\ Hz$$

（3）観察した波形と発振器の正弦波形との形状の違いを述べなさい。

（4）（発展課題）プローブを2つ使用し（取り組む場合は指導者に、申し出て2つ目のプローブを入手する）、CH1に100V電源の、CH2に発振器の出力をつなぐ。自動的に両方の電圧が表示される。発振器の周波数、OUTPUTを適切に調節して、2つの波形がほぼ一致するようにする。このようにすると、電源と発振器からの波形の違いをより正確に議論できる。

6．結果

　実験手順の記載に従って、実験結果を記述する。レポートにおいて、実験手順の記載の箇所に実験データや計算結果を書き込まないよう注意すること。

実験1　発振器を160Hzに設定して観測した正弦波の波形（画面のトレース）を示し、パルス電圧、電圧振幅、周波数を求める。
　　　　発振器の周波数を変化させ、観測された波形から求められた周波数を表にまとめる（実験手順の表1をここに記載する）
　　　　発振器の設定周波数と求められた周波数をグラフにする。
実験2　方形波の観測によって得られた波形（画面のトレース）を示し、電圧（パルス電圧のみ）、周波数を求める。
実験3　オシロスコープCAL端子から出力される方形波の観測によって得られた波形（画面のトレース）を示し、電圧（パルス電圧のみ）、周波数を求める。
実験4　交流電圧の観測によって得られた波形（画面のトレース）を示し、パルス電圧、電圧振幅、

電圧の実効値、周波数を求める。

7. 考察
実験全般に関する考察を行う。

予習課題解答

予習課題・問題のうち、実験を行うのに必要な解答のみを掲載している。どうしてこのような解答になるのかについて、各自で十分に考えること。

B.実験データの取り扱いについて

［問題2］（1） $\sigma_w = \sqrt{4\sigma_x^2 + 9\sigma_y^2 + 25\sigma_z^2}$

（2） $\dfrac{\sigma_w}{w} = \sqrt{4\left(\dfrac{\sigma_x}{x}\right)^2 + \dfrac{1}{4}\left(\dfrac{\sigma_y}{y}\right)^2 + 9\left(\dfrac{\sigma_z}{z}\right)^2}$

１．単振り子による重力加速度の測定

［予習課題1］　$g = \dfrac{4\pi^2 l}{T^2}$

２．ザールの装置によるヤング率の測定

［予習課題3］　$E = \dfrac{gl}{aS}$

５．遊動顕微鏡による屈折率の測定

［予習課題2］（2）$\dfrac{a-c}{b-c}$

６．ニュートンリング

［予習課題3］　傾き　$a = 4\lambda R$

７．マイケルソンの干渉計

［予習課題2］　傾き　$a = \dfrac{\lambda}{2}$

１２．電子の比電荷の測定

［予習課題2］　$\dfrac{e}{m} = 3.29 \times 10^6 \cdot \dfrac{V}{I^2 r^2}$

簡易版最小二乗法: 小坂圭二 (2013年12月19日)

http://film.rlss.okayama-u.ac.jp/~kgk/OUS/SimplifiedLSM2/index.html

手計算が可能な程度に簡便な直線フィッティングの方法を提唱する. これは, 簡易版の最小二乗法として使える.
本方法は, 誤差計算も可能である. 導出は, 高度な知識を必要とするが, 結果を使うだけなら簡単である.

1 序論

1.1 問題設定

まず, n 個のパラメータ x_i $(i = 1, 2, \ldots, n)$ に対して, 対応する測定値 y_i が得られた状況を考える. ただし, あらかじめグラフを書いて, 極端な外れ値は取り除いているものとする.

このデータが, 理想的には $y = ax + b$ の直線に乗るとして, 適切な傾き a, 切片 b, および, それらの誤差 σ_a, σ_b を求める.

精度を犠牲にして, 計算量が少ない方法を考察する.

1.2 結果

両端の点を $(x_1, y_1), (x_n, y_n)$ とする. また, x_i の平均を x とし, y_i の平均を y とする:

$$x = \frac{1}{n} \sum_{i=1}^{n} x_i, \qquad y = \frac{1}{n} \sum_{i=1}^{n} y_i. \tag{1}$$

このとき, 傾き a, 切片 b は, 次の式で与えられる:

$$a = \frac{y_n - y_1}{x_n - x_1}, \qquad b = y - ax. \tag{2}$$

次に直線から最も離れたデータ j の残差 Δy_j を

$$\Delta y_j = y_j - \left(a x_j + b \right), \tag{3}$$

と定義すると, 測定値の誤差 σ_y は,

$$\sigma_y = \frac{\left| \Delta y_j \right|}{c_n}, \tag{4}$$

となる. ただし, c_n は, 表1で与えられている. これを使って, 傾きの誤差 σ_a, 切片の誤差 σ_b は, 次の式で与えられる:

$$\sigma_a = \frac{\sqrt{2}\,\sigma_y}{|x_n - x_1|}, \qquad \sigma_b = \sqrt{\frac{\sigma_y{}^2}{n} + \sigma_a{}^2 x^2}. \tag{5}$$

2 導出

2.1 方針

以下では, まず, 傾き a と切片 b の簡単な推定を与える. 次に, 測定値の誤差 σ_y を直線から最も外れたデータから推定し, そこから傾きの誤差 σ_a と切片の誤差 σ_b を計算する.

2.2 傾きと切片

まず, 傾きについて考察する. i 番目のデータと $i + 1$ 番目のデータの間の傾き a_i は,

$$a_i = \frac{y_{i+1} - y_i}{x_{i+1} - x_i}, \tag{6}$$

で与えられる. x_i が等間隔の場合, a_i の平均値 a は,

$$a = \frac{1}{n} \sum_{i=1}^{n-1} a_i = \frac{y_n - y_1}{x_n - x_1}, \tag{7}$$

となる. ここでは, これを傾きの推定値とする.

一方, 最小二乗法では, 傾き a と切片 b の間に,

$$b = y - ax, \tag{8}$$

という関係がある. ただし, x, y は, それぞれ, x_i, y_i の平均値である. ここでは, この式 (8) を切片の推定値とする.

2.3 誤差

推定された直線からの残差 Δy_i を,

$$\Delta y_i = y_i - [a x_i + b], \tag{9}$$

で定義する.

この Δy_i が期待値 0, 標準偏差 σ の正規分布に従うとすると, $|\Delta y_i| < c\sigma$ となる確率 $P(c)$ は,

$$P(c) = \mathrm{erf}\left(\frac{c}{\sqrt{2}} \right), \tag{10}$$

で与えられる. ここで, 誤差関数 (error function) $\mathrm{erf}(t)$ は,

$$\mathrm{erf}(t) = \frac{2}{\sqrt{\pi}} \int_0^t e^{-s^2} \, ds, \tag{11}$$

で定義される.

一方, n 個の Δy_i の中で, 最も絶対値が大きなデータを Δy_j とすると, $|\Delta y_i| < |\Delta y_j|$ となる確率 $P(n)$ は,

$$P(n) = 1 - \frac{1}{n}, \tag{12}$$

であると推定される. よって, c_n を

$$c_n = \sqrt{2}\, \mathrm{erf}^{-1}\left(1 - \frac{1}{n} \right), \tag{13}$$

で定義すると,

表1: データ数 n と係数 c_n の関係.

n	3	4	5	6	7	8	9	10	11	12	13	14	15
c_n	0.97	1.15	1.28	1.38	1.47	1.53	1.59	1.64	1.69	1.73	1.77	1.80	1.83

表2: データ1: 3点等間隔. データ2: 3点非等間隔.

	データ1			データ2		
x	1	2	3	1	2	4
y	1.037	2.074	2.912	0.985	2.064	3.923

表3: データ3: 10点等間隔.

x	0	1	2	3	4	5
y	-0.077	0.975	2.126	2.937	4.077	5.120
x	6	7	8	9	—	—
y	6.041	7.107	8.083	8.937	—	—

$$\sigma = \frac{|\Delta y_j|}{c_n}, \tag{14}$$

が Δy_i の標準偏差の推定値となる. ここでは, y_i の誤差 σ_y の推定値として σ を採用する.

傾きの誤差 σ_a は, 誤差伝播の式を使って,

$$\sigma_a{}^2 = \frac{2\sigma_y{}^2}{(x_n - x_1)^2}, \tag{15}$$

で与えられる.

切片の誤差 σ_b は,

$$\sigma_b{}^2 = \frac{\sigma_y{}^2}{n} + \sigma_a{}^2 x^2, \tag{16}$$

で与えられる.

3 サンプルデータによる検証

疑似乱数を使って生成したデータで, 本方法の精度を確かめてみよう. データはいずれも, $a = 1$, $b = 0$ の直線に, $\sigma = 0.1$ の正規乱数を加えて生成した.

データ1とデータ2(表2)は, いずれも3点のデータであるが, 前者は x_i が等間隔であるのに対し, 後者は等間隔になっていない. 気柱の共鳴の標準的なデータと, 節点を飛ばしたデータに対応している. データ3(表3)は, 10点で等間隔という標準的なデータである. データ4(表4)は, 9点で等間隔になっていない. 10点等間隔からはずれ値を取り除いた状態に対応している.

これらのデータに対する計算結果を表5にまとめた.

傾き a と切片 b については, いずれのデータに対しても充分な精度で計算できている. データ1の a, b が本方法と最小二乗法で完全に一致しているのは偶然ではない; 3点等間隔の場合に限り, 本方法は最小二乗法と一致する傾きと切片を与える. 非等間隔であるデータ2とデータ4では, 式(7)の正当性が疑われるが, 問題になるような違いは見られない.

誤差に関しても, 充分な精度で計算できている. 特に, 等間隔のデータ1とデータ3ではよく一致している. 非等間隔のデータ2とデータ3ではやや精度が劣るものの, 実用的には充分である.

4 結論

両端の点と平均と最も外れたデータのみから傾きと切片と誤差を見積る方法を開発した. 誤差は, 正規分布を仮定したトリックを使っている.

結果は充分に簡便であり, 手計算でも比較的気軽に実行可能である. サンプル・データを使った検証では, 傾きと切片に対しては充分な精度で計算できることが分かった. 誤差については, 等間隔のデータについては充分な精度で計算でき, 非等間隔のデータについても, 実用上問題ない数値を与えることが分かった. 誤差をこれ以上精度よく求めるためには, より多くの計算材料が必要となるが, 計算の手間を増やしすぎると, 本方法の意味がなくなるだろう.

表5: 本方法 (SLSM) と最小二乗法 (LSM) の比較

	データ1		データ2		真値
	SLSM	LSM	SLSM	LSM	
a	0.938	0.938	0.979	0.972	1.000
b	0.132	0.132	0.040	0.056	0.000
σ_y	0.068	0.075	0.068	0.086	0.100
σ_a	0.048	0.049	0.032	0.042	—
σ_b	0.104	0.106	0.084	0.111	—
	データ3		データ4		真値
	SLSM	LSM	SLSM	LSM	
a	1.002	1.007	1.010	1.017	1.000
b	0.024	0.001	-0.037	-0.071	0.000
σ_y	0.064	0.079	0.135	0.112	0.100
σ_a	0.010	0.008	0.021	0.014	—
σ_b	0.049	0.043	0.112	0.079	—

表4: データ4: 9点非等間隔.

x	0	2	3	4	5	6
y	-0.076	1.988	2.929	4.05	4.983	6.087
x	7	8	9	—	—	—
y	6.876	8.257	9.012	—	—	—

物理学基礎実験 第5版

2006 年 4 月 10 日　初　版第 1 刷発行
2020 年 9 月 15 日　第 5 版第 1 刷発行
2021 年 9 月 20 日　第 5 版第 2 刷発行

■編　著　者───岡山理科大学教育推進機構基盤教育センター
■発　行　者───佐藤　守
■発　行　所───株式会社　大学教育出版
　　　　　　　　〒 700-0953　岡山市南区西市 855-4
　　　　　　　　電話 (086)244-1268 ㈹　FAX (086)246-0294
■印刷製本───モリモト印刷㈱

ISBN978 − 4 − 86692 − 102 − 0